21世纪高职高专土建类规划教材

第三版

建筑制图与识图习题集

主　编◎李元玲
副主编◎张　鹏
参　审◎程　斌　李　娜

北京大学出版社
PEKING UNIVERSITY PRESS

内 容 简 介

《建筑制图与识图习题集（第三版）》是北京大学出版社出版的《建筑制图与识图（第三版）》（李元玲主编）的配套习题集。为了便于教学和学习，习题集的编排次序与教材体系一致。

本习题集内容包括：建筑制图的基本知识，投影的基本知识，点、直线、平面的投影，体的投影，轴测投影图，剖面图和断面图，建筑施工图，结构施工图。

本习题集可作为高职高专土建类专业的教材，也可作为相关工程技术人员的学习参考用书。

图书在版编目(CIP)数据

建筑制图与识图习题集 / 李元玲主编. —3 版. —北京：北京大学出版社，2022.4
21 世纪高职高专土建类规划教材
ISBN 978-7-301-32970-2

Ⅰ.①建… Ⅱ.①李… Ⅲ.①建筑制图—识图—高等职业教育—习题集 Ⅳ.①TU204.21-44

中国版本图书馆 CIP 数据核字(2022)第 049280 号

书　　　名	建筑制图与识图习题集（第三版） JIANZHU ZHITU YU SHITU XITIJI (DI-SAN BAN)
著作责任者	李元玲　主编
策划编辑	刘健军
责任编辑	范超奕
标准书号	ISBN 978-7-301-32970-2
出版发行	北京大学出版社
地　　　址	北京市海淀区成府路 205 号　100871
网　　　址	http://www.pup.cn　新浪微博：@北京大学出版社
电子信箱	pup_6@163.com
电　　　话	邮购部 010-62752015　发行部 010-62750672　编辑部 010-62750667
印　刷　者	三河市博文印刷有限公司
经　销　者	新华书店
	787 毫米×1092 毫米　16 开本　11.25 印张　137 千字 2012 年 4 月第 1 版　2016 年 8 月第 2 版 2022 年 4 月第 3 版　2022 年 4 月第 1 次印刷 (总第 12 次印刷)
定　　　价	35.00 元

未经许可，不得以任何方式复制或抄袭本书之部分或全部内容。
版权所有，侵权必究
举报电话：010-62752024　电子信箱：　fd@pup.pku.edu.cn
图书如有印装质量问题，请与出版部联系，电话：010-62756370

第三版前言

《建筑制图与识图习题集（第二版）》自 2016 年出版以来，经有关院校教学使用，反映良好。高等职业教育肩负着培养面向生产、建设、服务和管理一线的高技能人才的使命，在加快推进社会主义现代化建设的过程中，具有不可替代的作用。为更好地开展教学，适应高职学生学习的需要，特对本习题集进行了修订。

修订后的习题集具有以下特点。

(1) 本习题集参考现行的《房屋建筑制图统一标准》（GB/T 50001—2017）、《建筑制图标准》（GB/T 50104—2010）和《建筑结构制图标准》（GB/T 50105—2010）等国家标准编写，与新技术、新规范同步。

(2) 本习题集在内容安排上以培养学生"识图能力"为主线，以"必需、够用"为原则，对应习题集配套教材《建筑制图与识图（第三版）》各章节编写相应的习题，达到学练同步的目的。

(3) 本习题集在编写风格上采取循序渐进、读画结合的方法，修订中增加了立体图的数量，以培养学生进行空间想象的思维能力。

(4) 本习题集注重理论联系实际。专业识图部分的施工图全部来源于工程实际，突出其综合性、应用性和技能型的特色，以提高学生识读施工图的能力。

本习题集由武汉城市职业学院李元玲任主编，武汉城市职业学院张鹏任副主编，武汉城市职业学院程斌、湖北城市建设职业技术学院李娜参编。本习题集具体章节编写分工为：李元玲编写第 1 章、第 2 章、第 3 章、第 4 章，张鹏编写第 5 章、第 6 章，程斌与李娜共同编写第 7 章、第 8 章。李元玲完成本习题集的统稿、修改和定稿工作。

本习题集在编写过程中参考了有关书籍、标准、图片及文献资料，在此谨向相关资料作者表示衷心感谢。由于编者水平有限，加上时间仓促，本习题集难免存在不足和疏漏之处，敬请各位读者批评指正。

编　者

2022 年 1 月

目　　录

第 1 章　建筑制图的基本知识 …………………………… 1

第 2 章　投影的基本知识 ………………………………… 21

第 3 章　点、直线、平面的投影 ………………………… 31

第 4 章　体的投影 ………………………………………… 59

第 5 章　轴测投影图 ……………………………………… 99

第 6 章　剖面图和断面图 ………………………………… 117

第 7 章　建筑施工图 ……………………………………… 135

第 8 章　结构施工图 ……………………………………… 155

参考文献 …………………………………………………… 172

第1章 建筑制图的基本知识

1-1 用1:1比例按左图所示在右边画出同样的图形,要求线型粗细分明,交接正确。

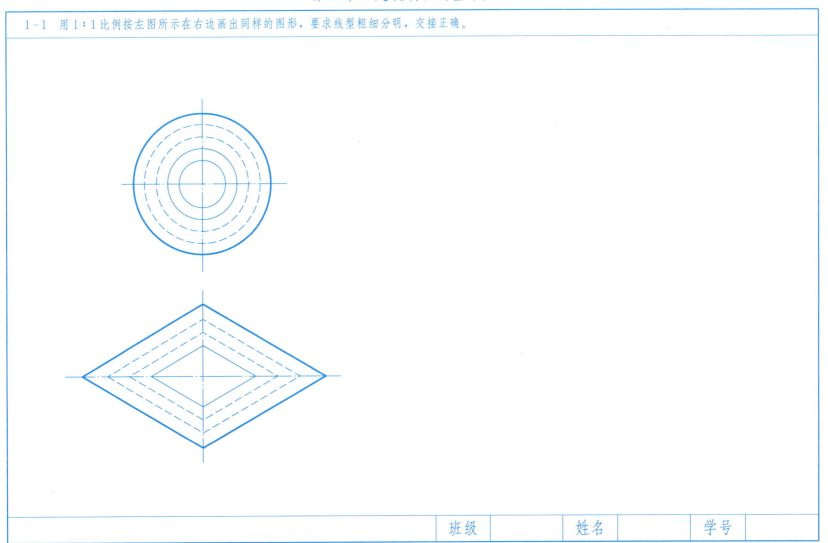

| 班级 | | 姓名 | | 学号 | |

第 1 章　建筑制图的基本知识

1-2　字体练习（一）。

建筑制图习题房屋墙体基础楼梯屋顶画投影横

平竖直接线充满方格落水线垂面窗起直侧民用

工业厂立标号土木上下左右前后混凝土比例尺

| 班级 | | 姓名 | | 学号 | |

第1章 建筑制图的基本知识

1-3 字体练习(二)。

寸注写长度宽高厚形状大小体积定位轴线地坪

踏步安全栏杆防潮层卫生设备一二三四五六七

八九十有锋柱梁东南西北结构阳台雨篷勒脚过

| 班级 | | 姓名 | | 学号 | |

第 1 章　建筑制图的基本知识

1-4　字体练习(三)。

ABCDEFGHIJKLMNOPQRSTUVWXYZ

abcdefghijklmnopqrstuvwxyz

1234567890　　　1234567890

ABCDEFGHIJKLMNOPQRSTUVWXYZ

abcdefghijklmnopqrstuvwxyz

| | 班级 | | 姓名 | | 学号 | |

第1章 建筑制图的基本知识

1-5 将下列图形按指定比例量取数值，标注尺寸。（单位：mm，取整数）

1:5

1:10

1:20

1:30

1:100

1:2

| | 班级 | | 姓名 | | 学号 | |

第1章 建筑制图的基本知识

1-6 指出左图中错误的尺寸标注,并在右图上正确标注尺寸。

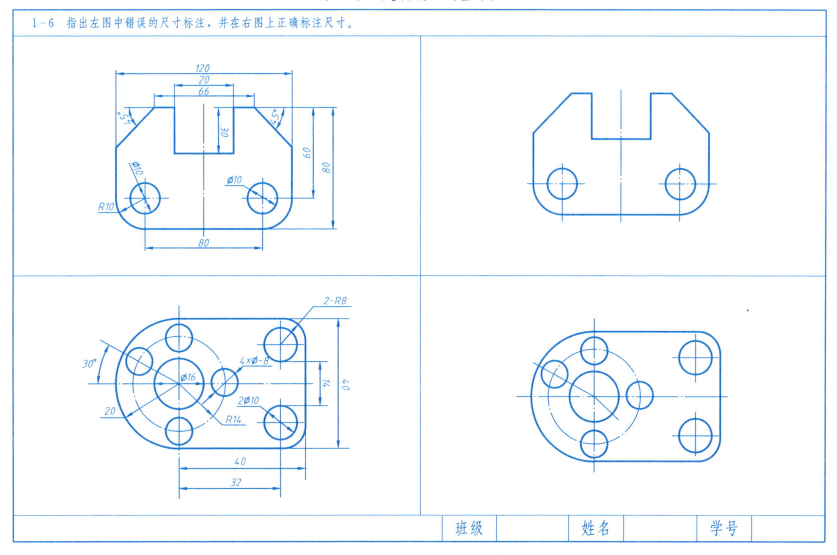

第1章 建筑制图的基本知识

1-7 几何作图(一)。

(1) 已知线段 AB，试将其五等分。

(2) 作圆的内接正六边形。

(3) 作圆的内接正三边形。

(4) 用已知半径作圆弧与正交两直线外切连接。

(5) 用已知半径作圆弧与两已知圆弧外切连接。

(6) 用已知半径作圆弧与两已知圆弧内切连接。

班级		姓名		学号	

第1章 建筑制图的基本知识

1-8 几何作图(二)。

(1) 根据长轴AB和短轴CD作一椭圆。(用两种方法)

(2) 根据所给图样，作圆的外公切线。

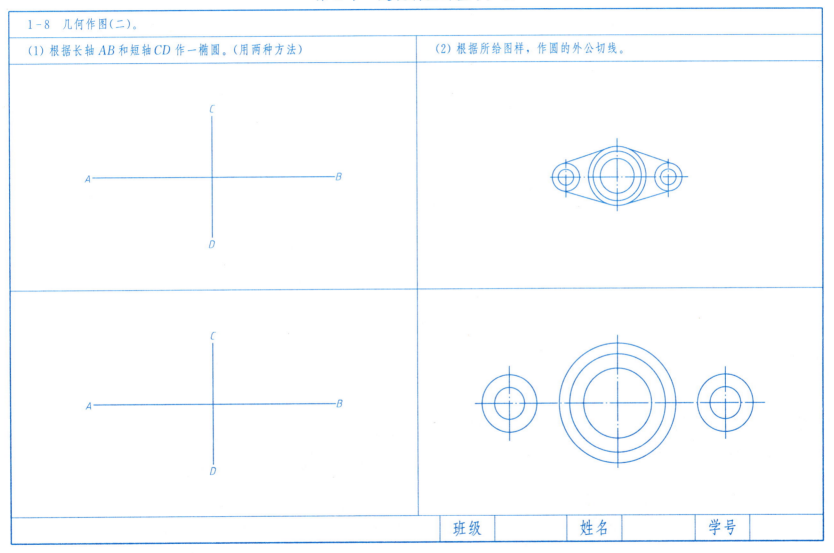

| 班级 | | 姓名 | | 学号 | |

第 1 章 建筑制图的基本知识

1-9 根据所给三个图形作图，用 A3 幅面绘图纸，按 1∶1 比例用铅笔绘制。

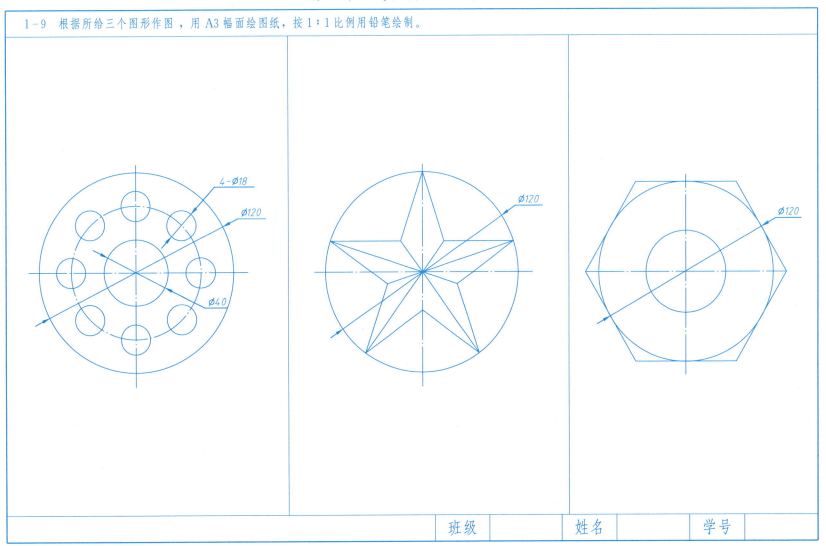

| 班级 | 姓名 | 学号 |

第1章 建筑制图的基本知识

1-10 根据所给图形作图,用 A4 幅面绘图纸,按 1:1 比例用铅笔绘制。

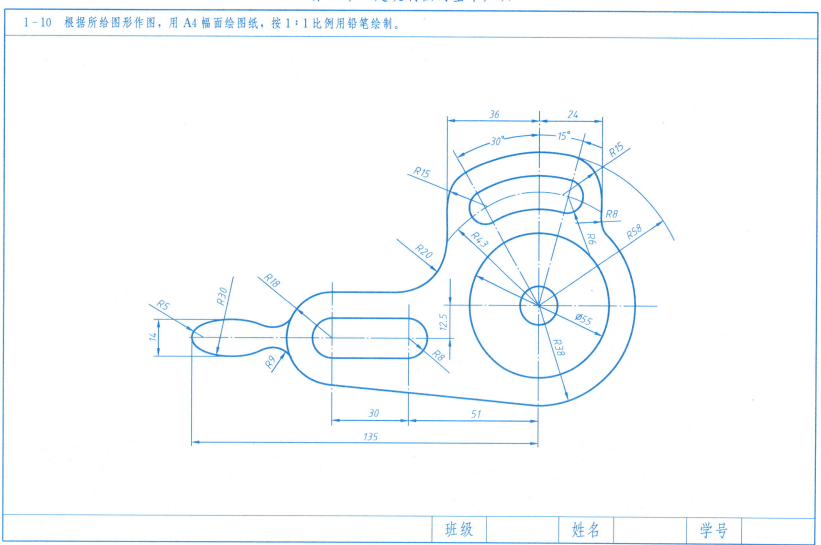

| 班级 | | 姓名 | | 学号 | |

第 2 章 投影的基本知识

2-1 找出与轴测图相对应的三面投影，在每题的括号内填写轴测图的序号。

第 2 章 投影的基本知识

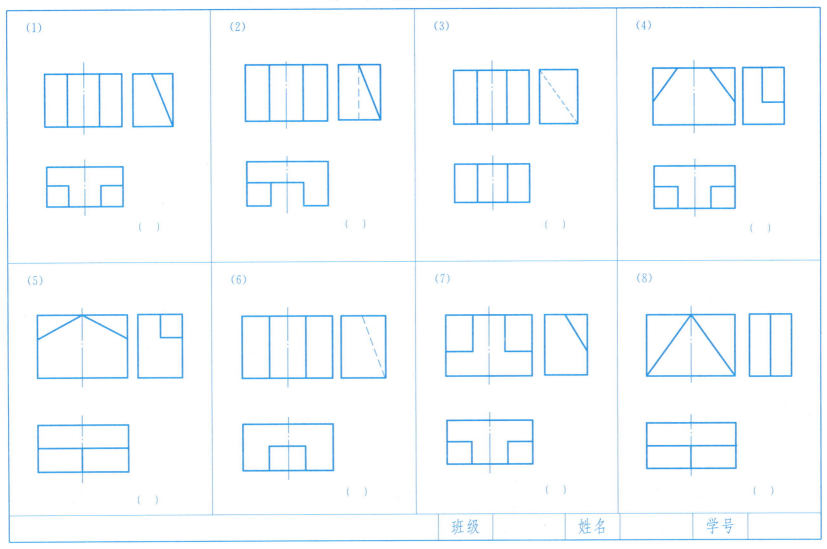

第 2 章 投影的基本知识

2-2 根据立体图绘制形体的三面投影。

(1)

(2)

(3)

(4)

(5)

(6)

| 班级 | | 姓名 | | 学号 | |

第 2 章 投影的基本知识

2-3 根据立体图补画形体的第三投影。

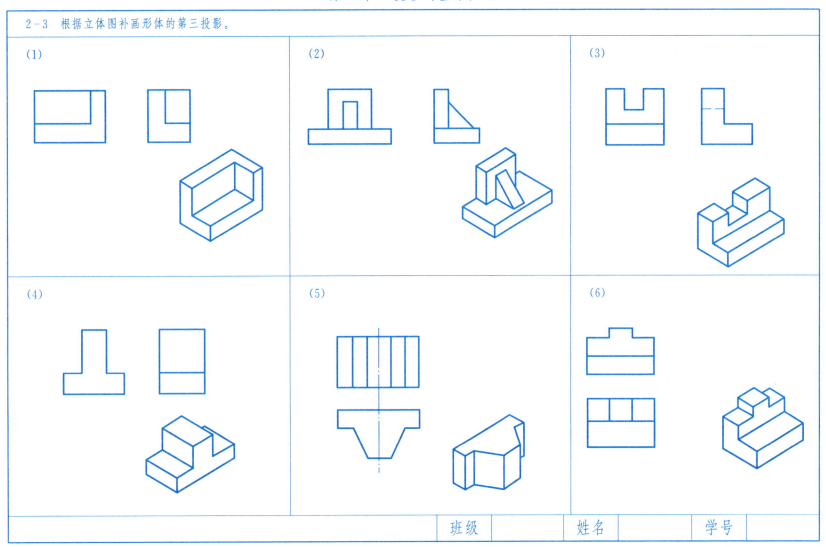

第 2 章 投影的基本知识

2-4 根据立体图补全形体投影中的漏线。

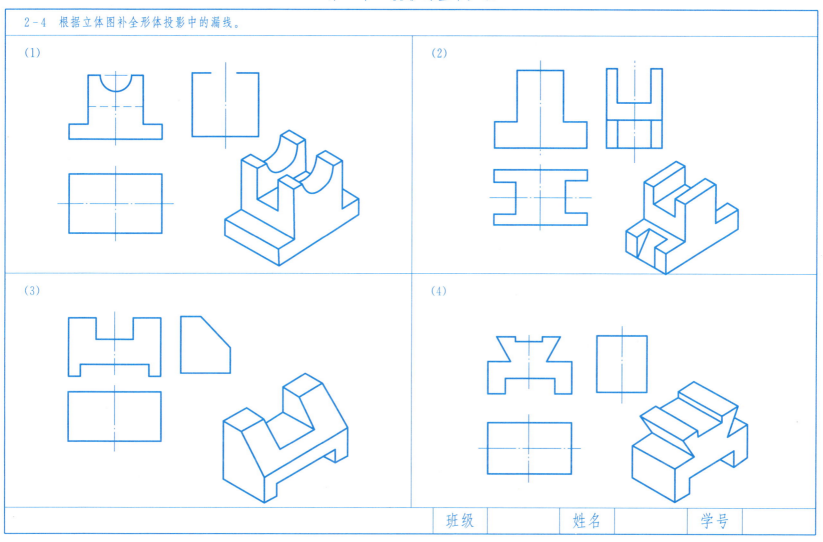

第3章 点、直线、平面的投影

3-1 根据直观图，作出 A、B、C、D 四点的三面投影，并量出它们到 H、V、W 三投影面的距离（距离取整数）。

3-2 参看直观图，补全几何形体的三面正投影图。

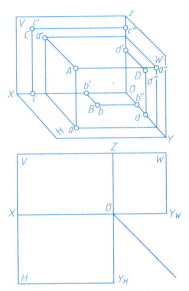

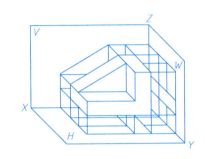

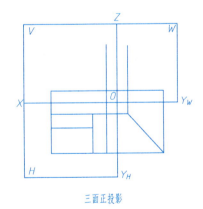

三面正投影

点	到 V 投影面的距离	到 H 投影面的距离	到 W 投影面的距离
A			
B			
C			
D			

| 班级 | | 姓名 | | 学号 | |

第3章 点、直线、平面的投影

3-3 已知 A、B、C、D、E 五点的一个投影 a'、b、c''、d'、e，且 $Aa'=25$，$Bb=15$，$Cc''=20$，$Dd'=5$，$Ee=30$，完成它们的三面投影，并判断各点的空间位置。（单位：mm）

3-4 已知各点的两面投影，补求第三投影。

点	空间位置
A	
B	
C	
D	
E	

| 班级 | | 姓名 | | 学号 | |

第3章 点、直线、平面的投影

3-5 已知 $A(25,0,15)$、$B(20,15,25)$、$C(0,5,10)$ 的坐标，求作它们的三面投影。（单位：mm）

3-6 补全点的第三投影，并判定两点的相对位置。

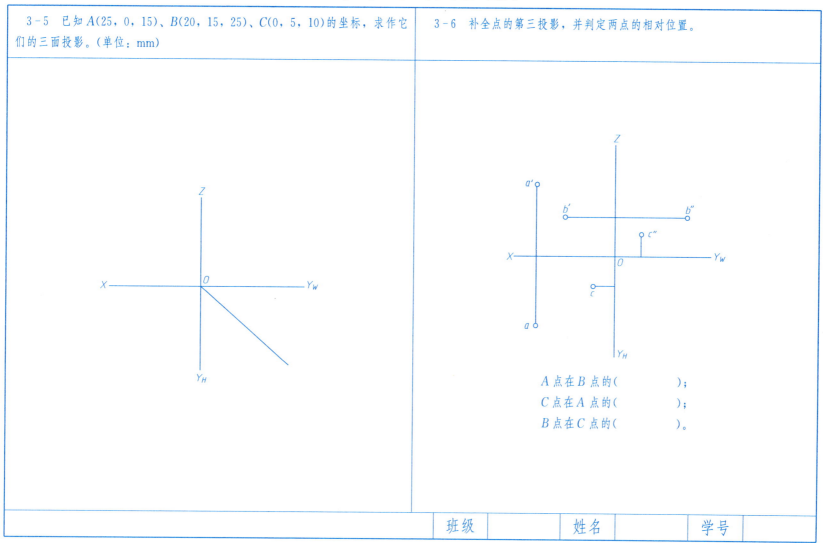

A 点在 B 点的（　　　　）；
C 点在 A 点的（　　　　）；
B 点在 C 点的（　　　　）。

第3章 点、直线、平面的投影

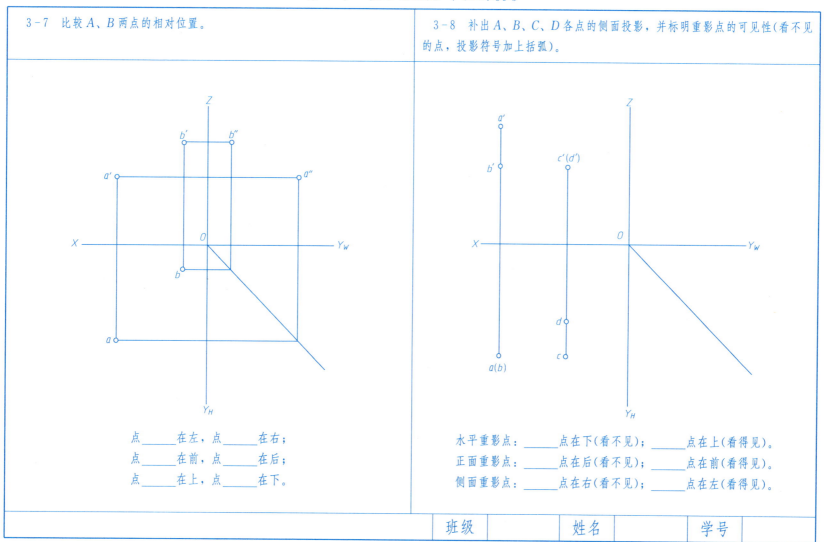

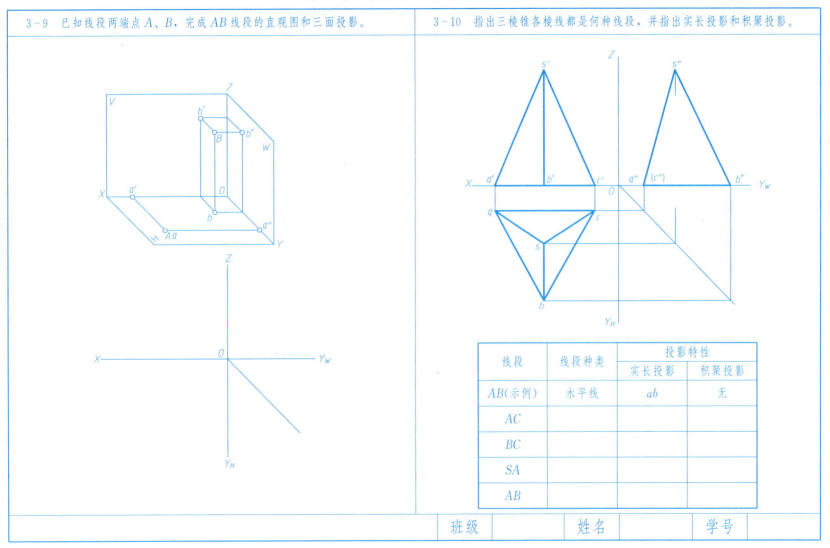

第3章 点、直线、平面的投影

3-11 补出各线段的第三投影,并判别线段与投影面的相对位置。

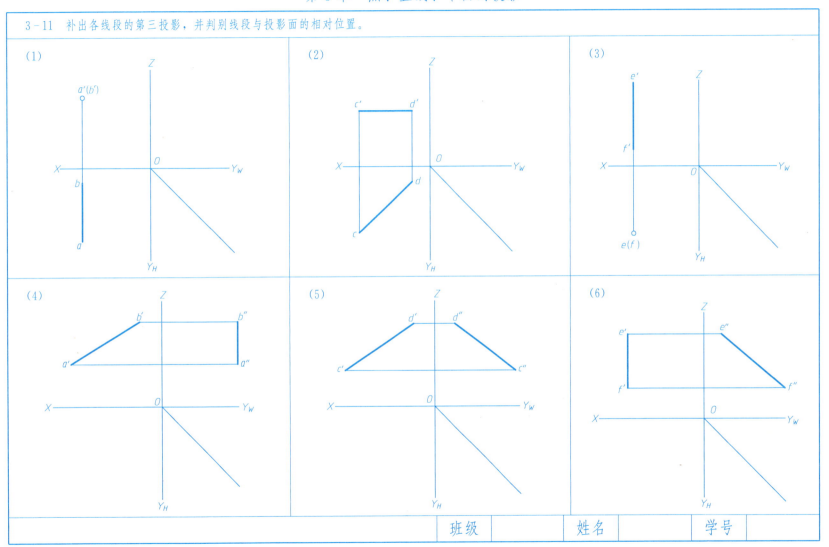

第 3 章 点、直线、平面的投影

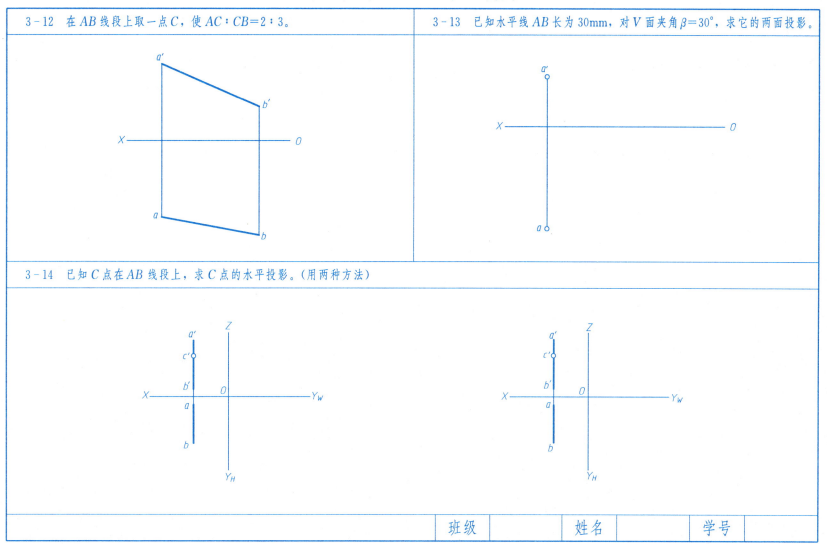

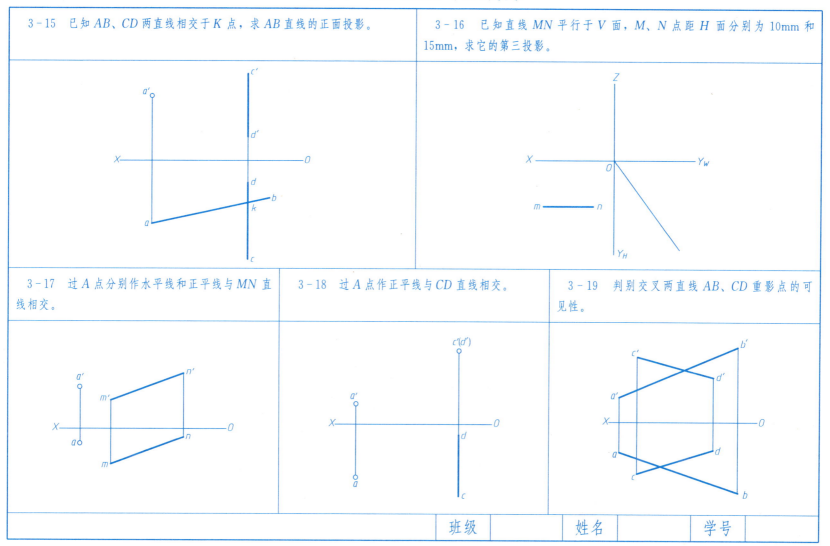

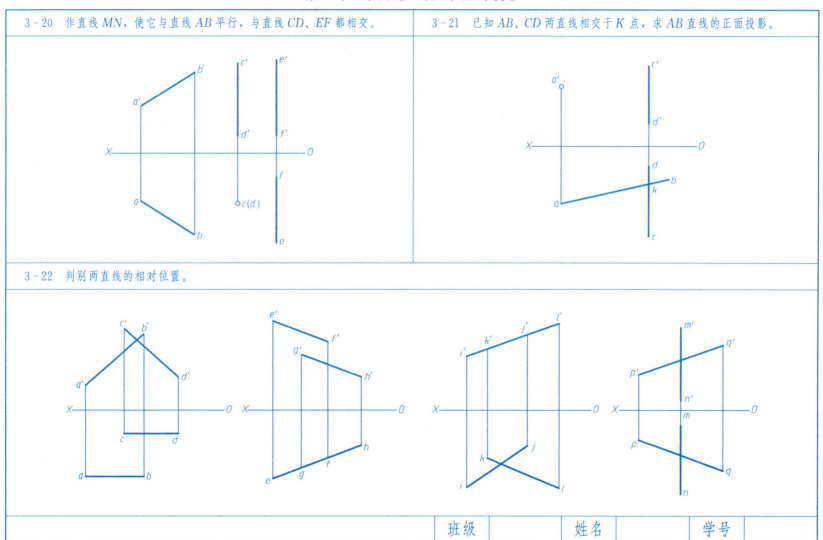

第 3 章 点、直线、平面的投影

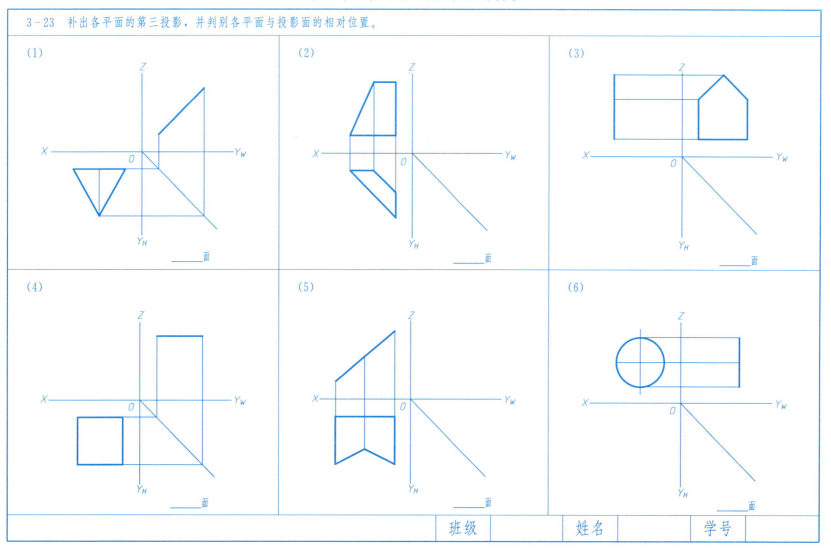

3-23 补出各平面的第三投影，并判别各平面与投影面的相对位置。

第3章 点、直线、平面的投影

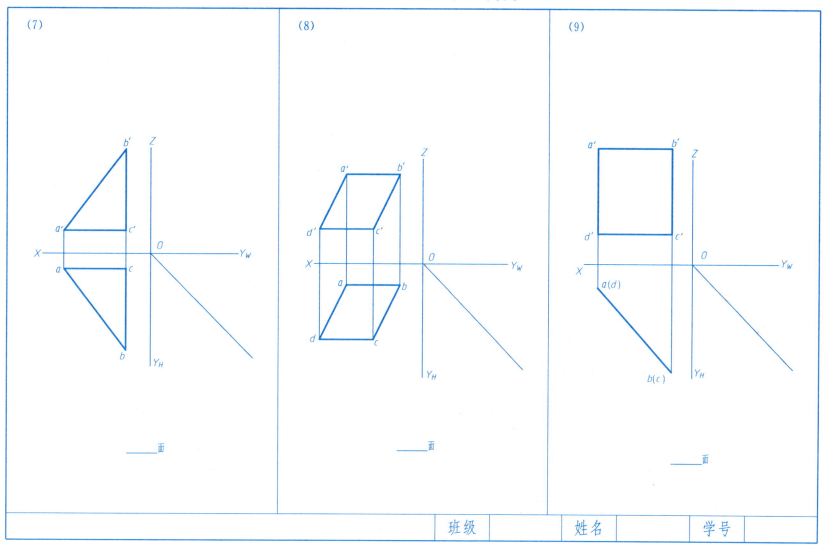

(7) ____面

(8) ____面

(9) ____面

第3章 点、直线、平面的投影

3-24 铅垂面 ABC，β=30°，且 C 在 B 的左前方，作 ABC 的水平投影及侧面投影。

3-25 正垂面 ABCDE，α=45°，且 A 距离 H 面为 15mm，作 ABCDE 的正面投影及侧面投影。

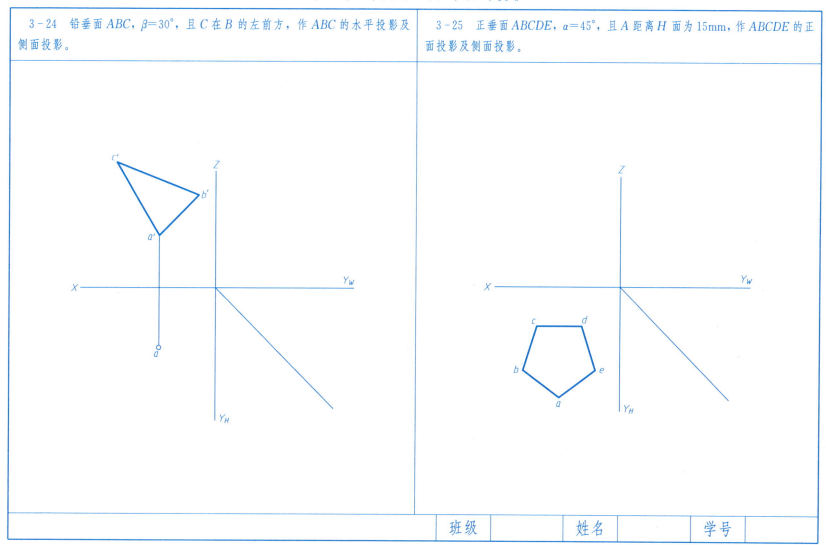

| 班级 | 姓名 | 学号 |

第 3 章 点、直线、平面的投影

3-26 判别 M、N 两点是否在 ABC 平面上。

(1)　　　　　(2)

3-27 完成平面 ABCDE 的两面投影。

第3章 点、直线、平面的投影

3-28 补全五边形 ABCDE 的 H 面投影。

3-29 已知平行四边形 ABCD 平面内 M 字的 H 面投影,求 M 字的 V 面投影。

| 班级 | | 姓名 | | 学号 | |

第 4 章 体的投影

4-1 已知正四棱柱的 H 面投影,高为 20mm,完成其三面投影。

4-2 已知六棱柱的两面投影,补作其第三投影。

| 班级 | | 姓名 | | 学号 | |

第 4 章 体 的 投 影

4-3 根据平面形体的立体图画出其三面投影。(图中箭头方向是 V 面投影方向,图中尺寸单位为 mm)

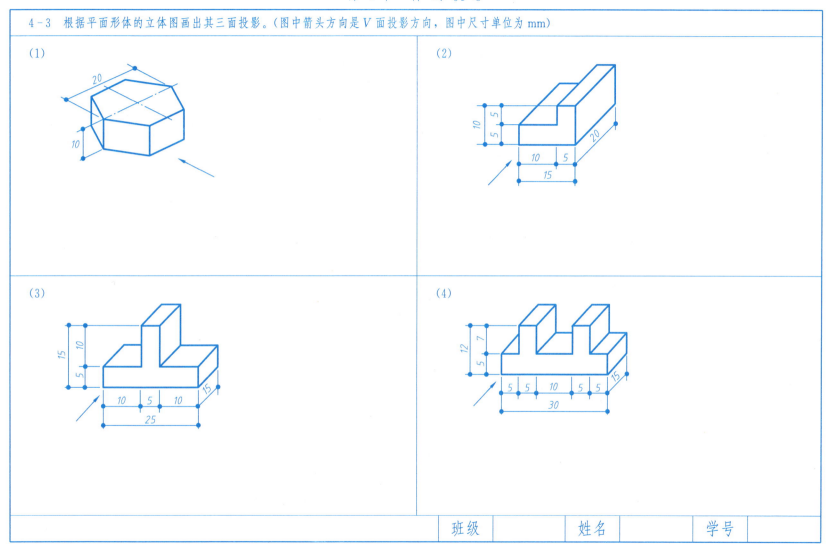

第4章 体的投影

4-4 根据曲面形体的立体图画出其三面投影。(图中箭头方向是V面投影方向，图中尺寸单位为mm)

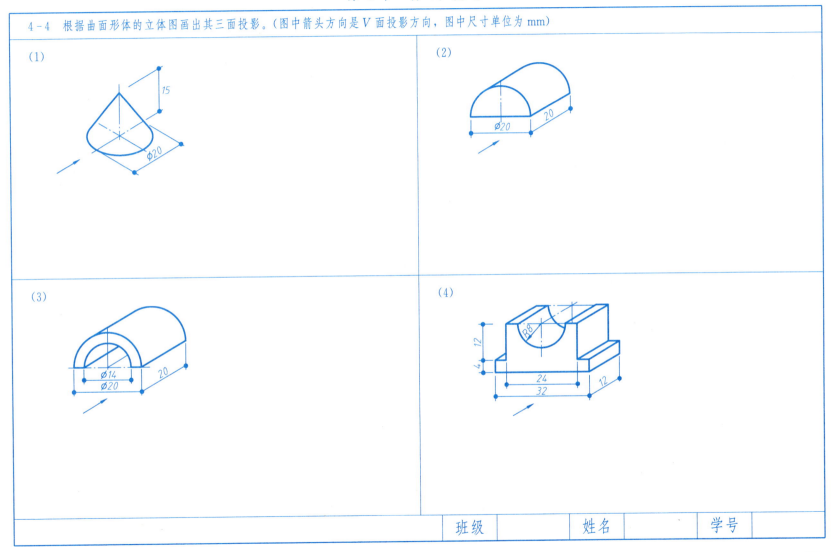

第 4 章 体 的 投 影

4-5 已知平面体的两面投影及其表面上点的一个投影，补全形体的第三投影及其表面上点所缺的投影。

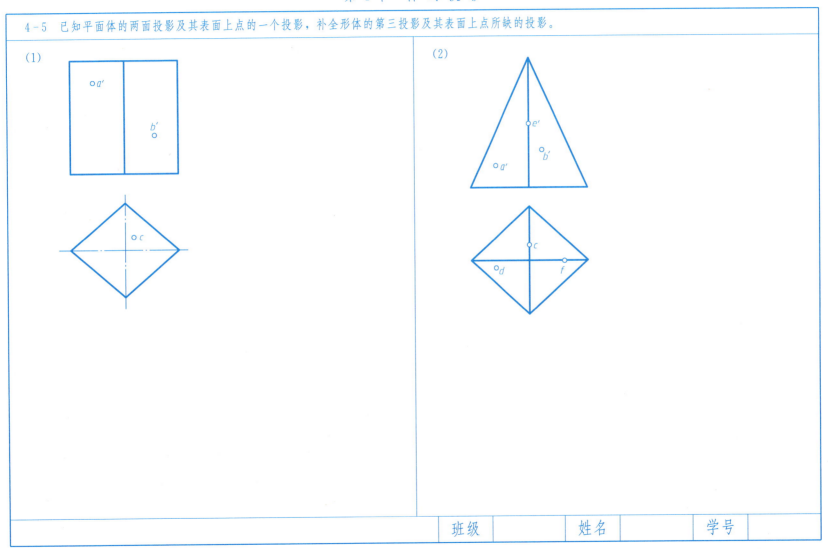

第 4 章 体 的 投 影

4-6 已知曲面体的两面投影及其表面上点的一个投影，补全形体的第三投影及其表面上点所缺的投影。

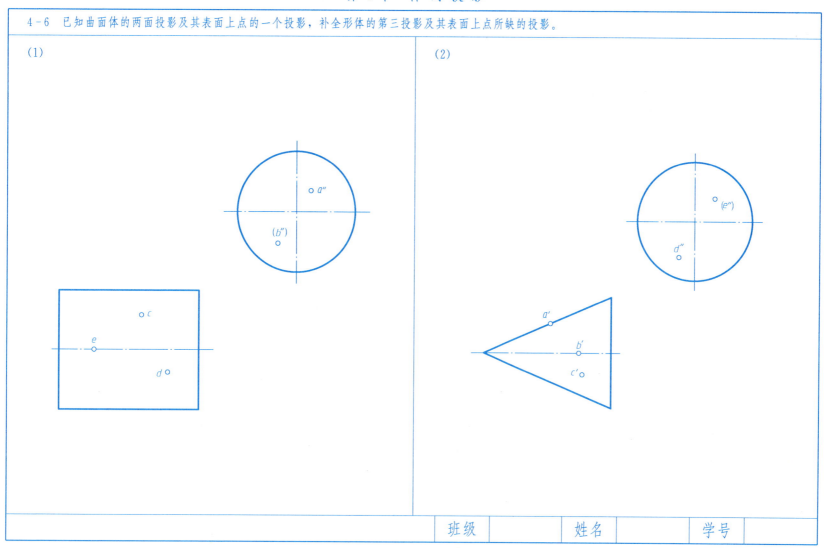

第4章 体的投影

4-7 已知球的两面投影,补全其第三投影及其表面上点所缺的投影。

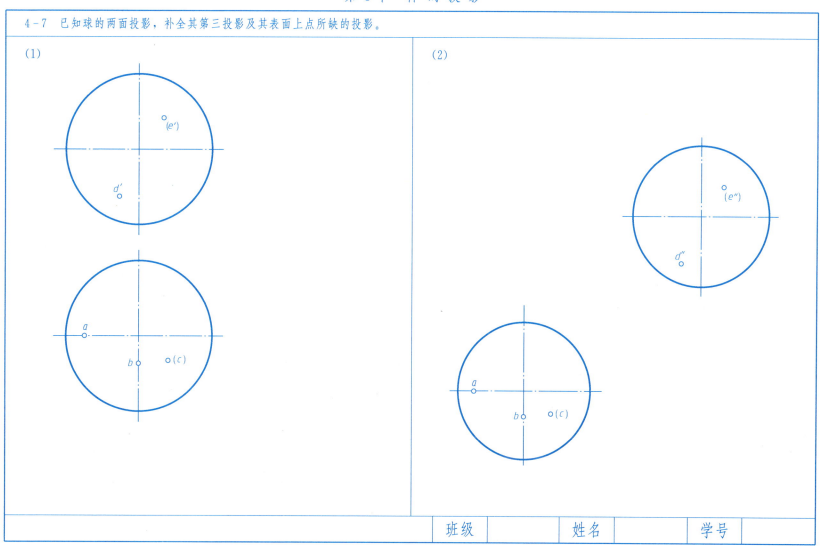

第 4 章 体 的 投 影

4-8 已知如图，完成三棱柱表面上直线 AB、BC 的 H、W 面投影。

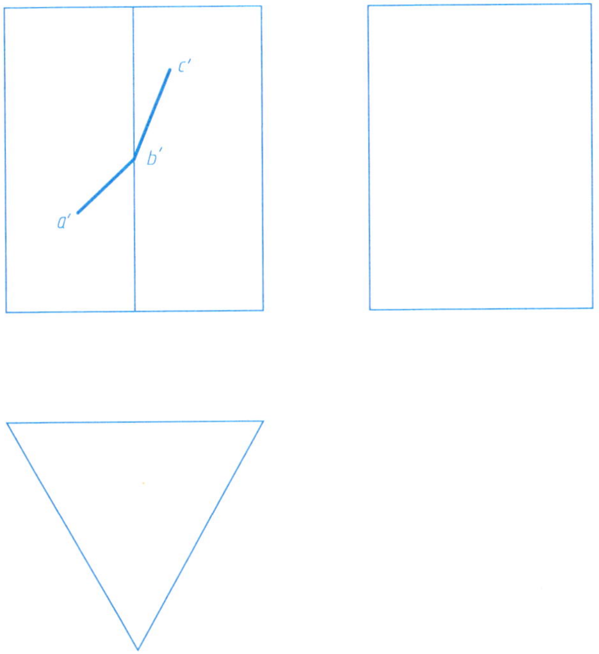

4-9 已知如图，完成球体表面上曲线 AB 的 H、W 面投影。

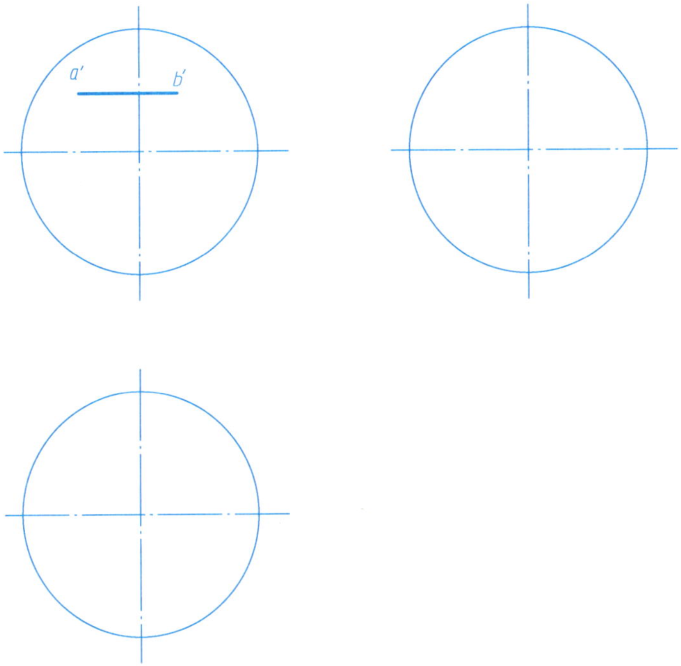

| 班级 | 姓名 | 学号 |

第 4 章 体 的 投 影

4-10 根据组合体的轴测投影图，绘制其三面投影图。（尺寸在投影图中量取，取整数）

(1)

(2)

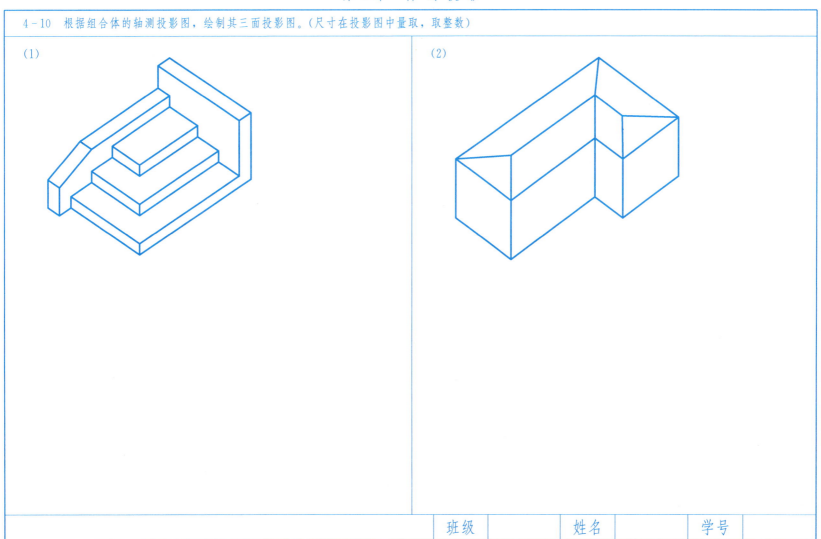

| 班级 | | 姓名 | | 学号 | |

第 4 章 体 的 投 影

(3)

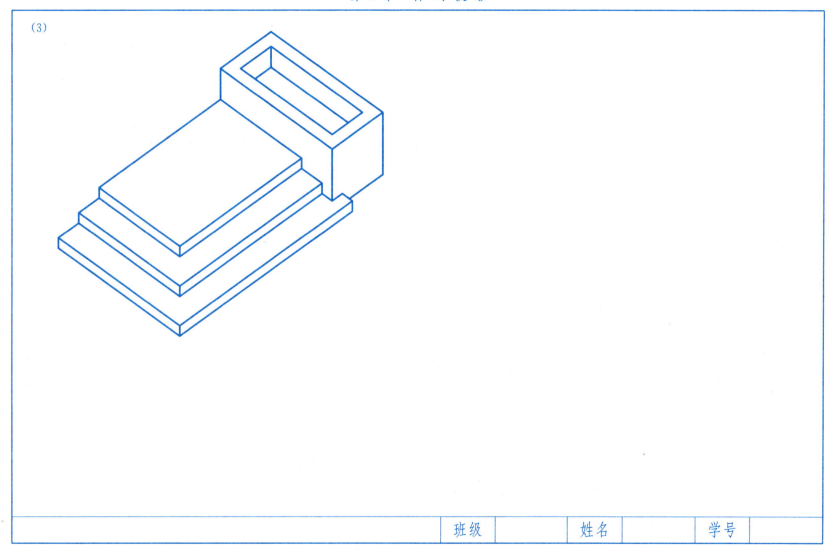

第 4 章 体 的 投 影

(4)

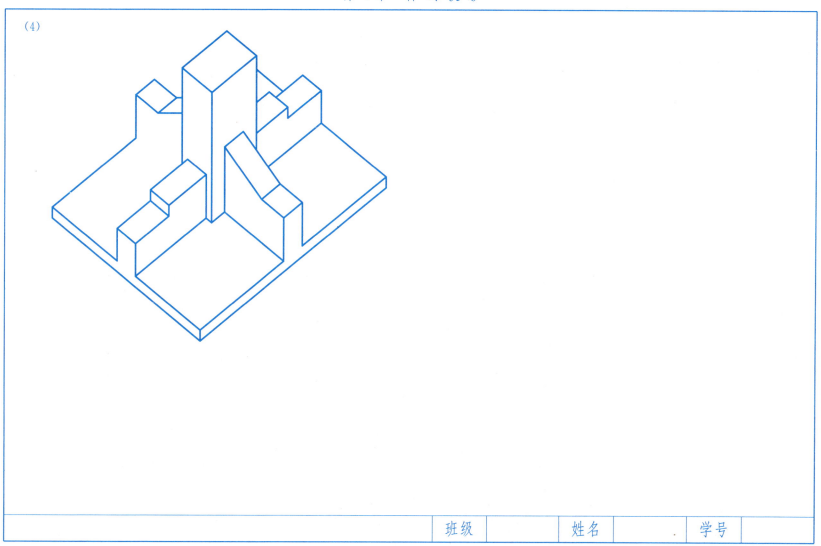

| 班级 | | 姓名 | | 学号 | |

第 4 章 体 的 投 影

4-11 对组合体的尺寸进行标注。(尺寸在投影图中量取,取整数)

(1)

(2)

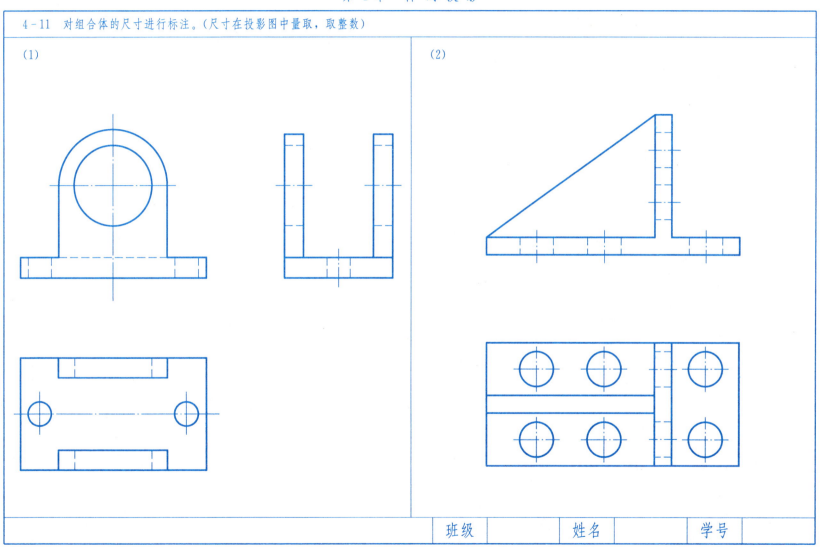

第 4 章 体 的 投 影

4-12 根据形体的两面投影，补画形体的第三投影。

(1)

(2)

(3)

(4)

| 班级 | 姓名 | 学号 |

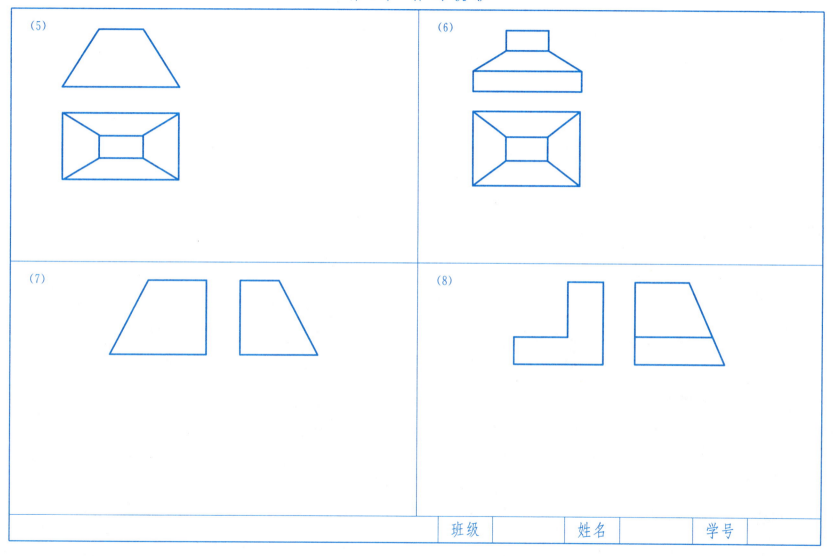

第 4 章 体 的 投 影

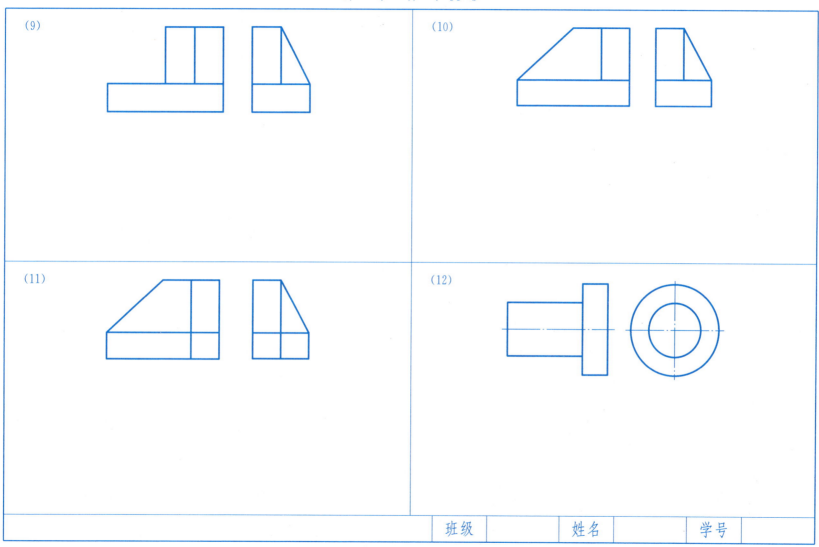

第4章 体的投影

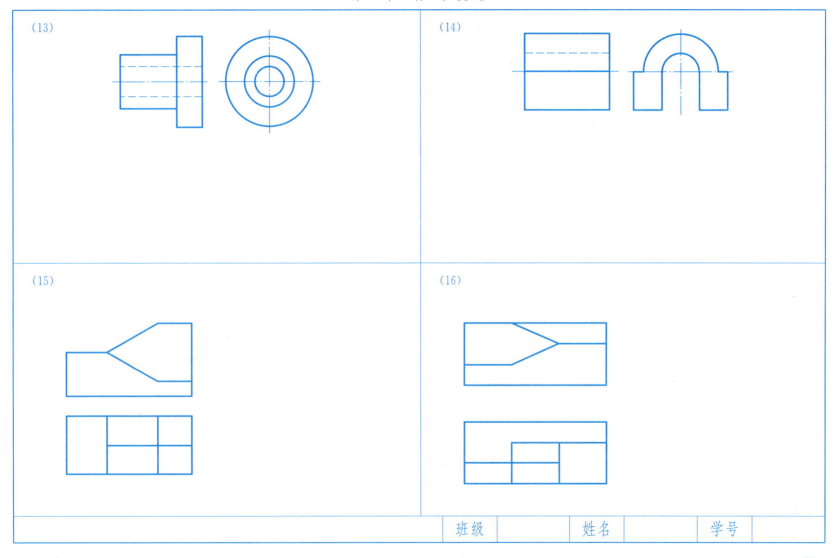

第 4 章 体 的 投 影

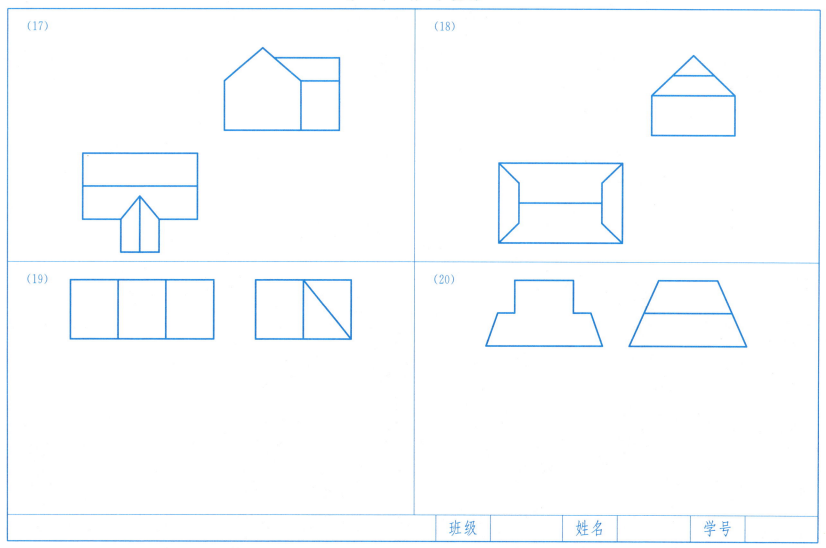

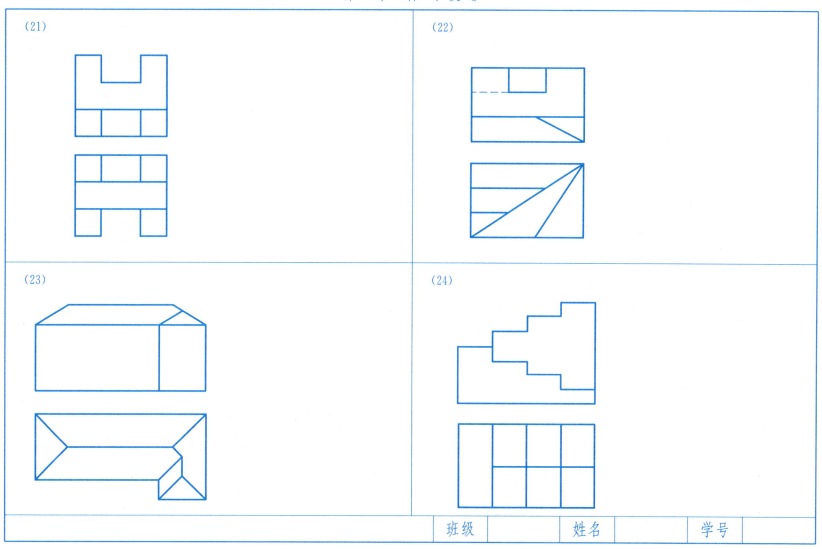

第 4 章 体 的 投 影

4-13 补画形体三面投影中所缺的图线。

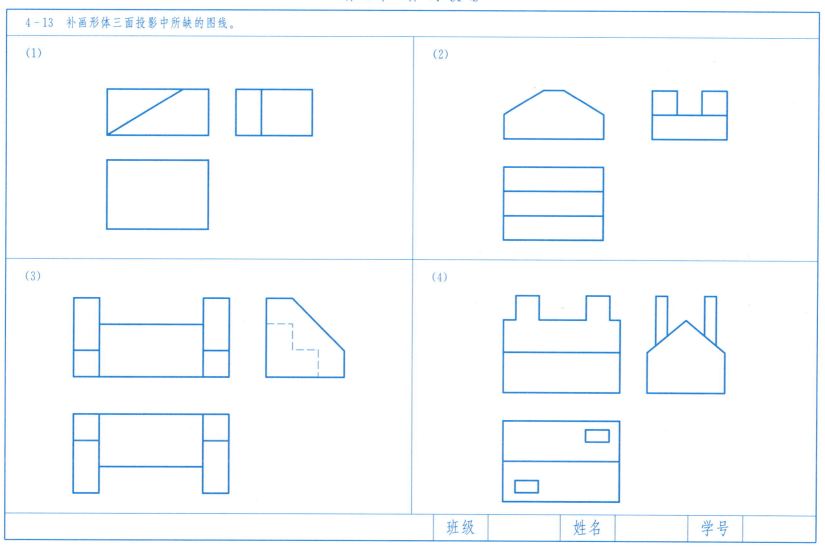

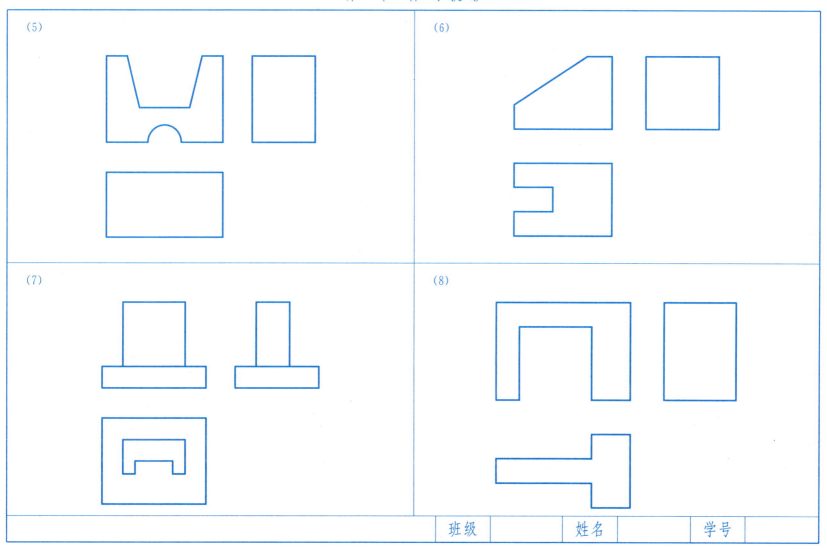

第 4 章 体 的 投 影

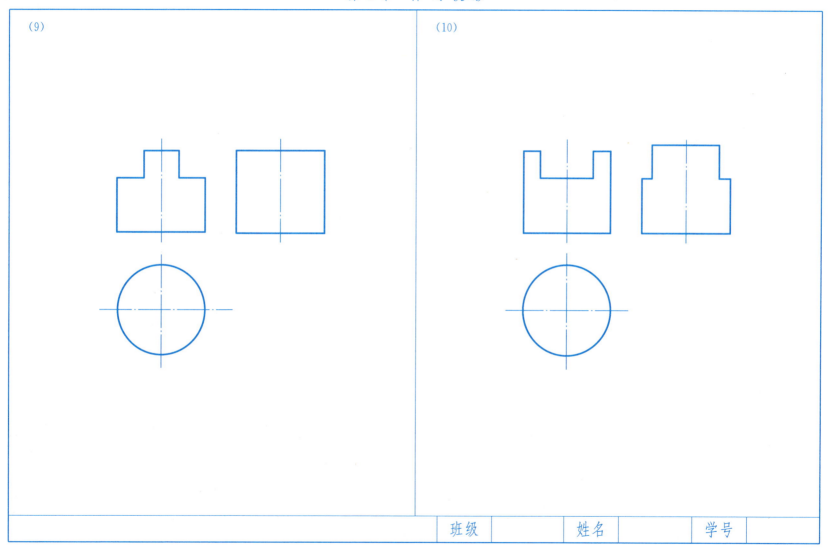

第 5 章 轴测投影图

5-1 根据形体的正投影，绘制形体的正等轴测投影图。

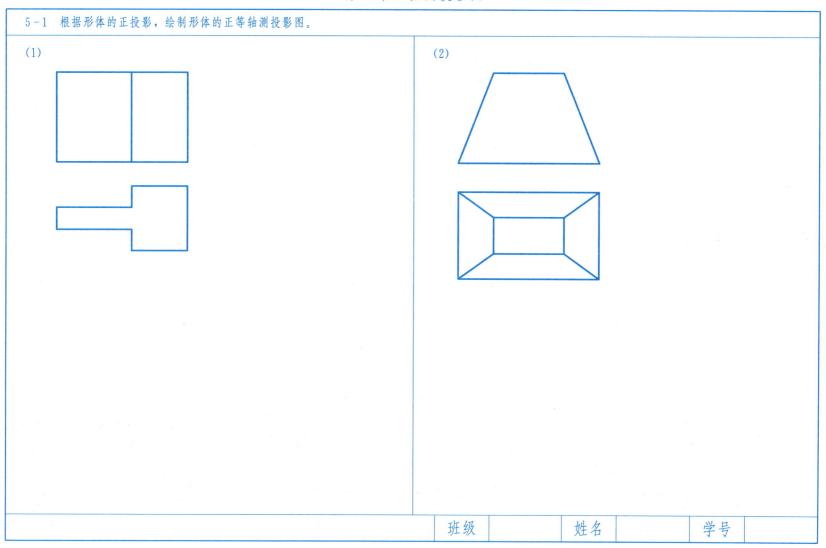

(1)

(2)

| 班级 | | 姓名 | | 学号 | |

第 5 章 轴测投影图

5-2 根据形体的正投影，绘制形体的正等轴测投影图。

(1)

(2)

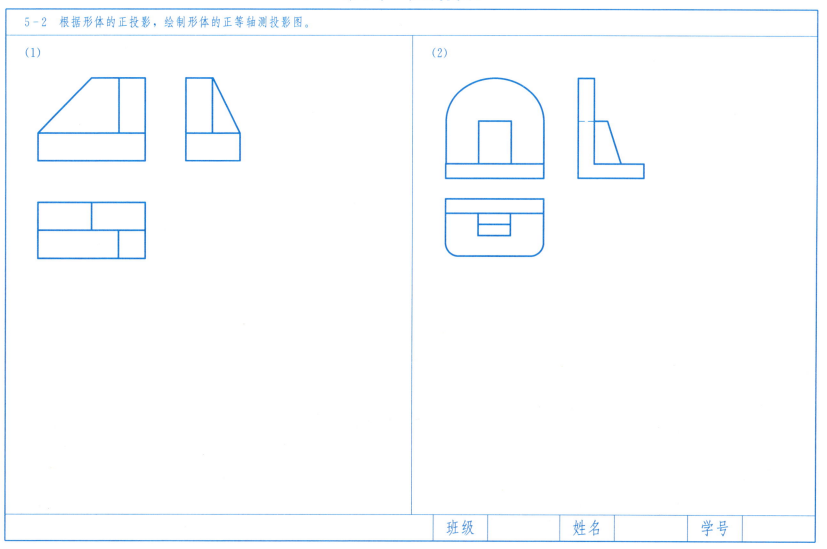

班级　　姓名　　学号

第 5 章 轴测投影图

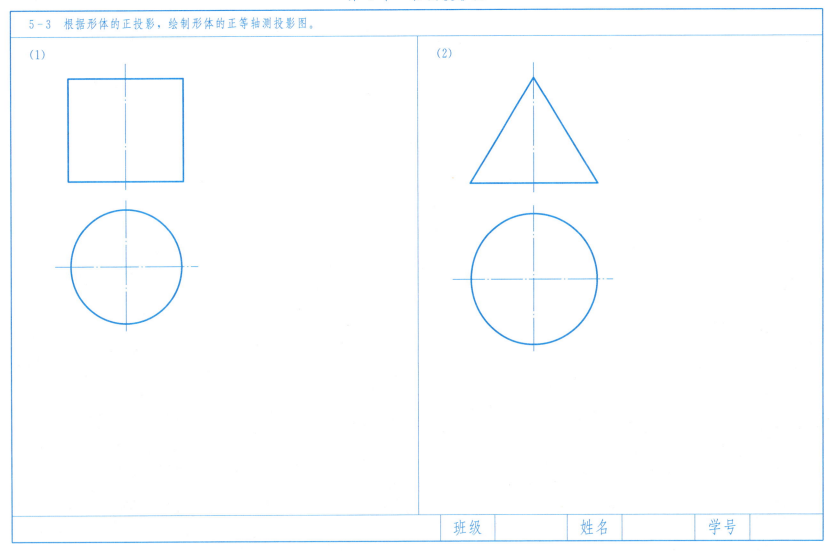

5-3 根据形体的正投影，绘制形体的正等轴测投影图。

(1)

(2)

班级　　　姓名　　　学号

第 5 章 轴测投影图

5-4 补绘形体的第三投影，然后绘制形体的正等轴测投影图。

(1)

(2)

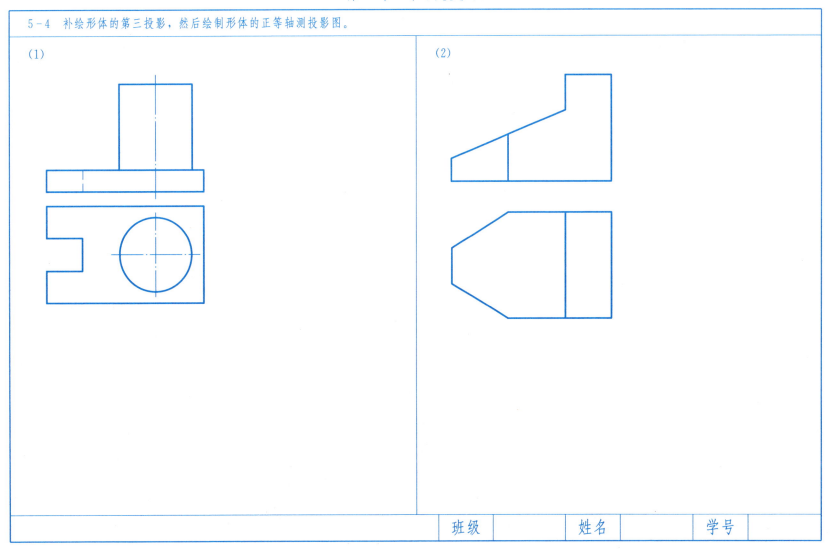

| 班级 | 姓名 | 学号 |

第5章 轴测投影图

5-5 根据形体的正投影，绘制形体的正二等轴测投影图。

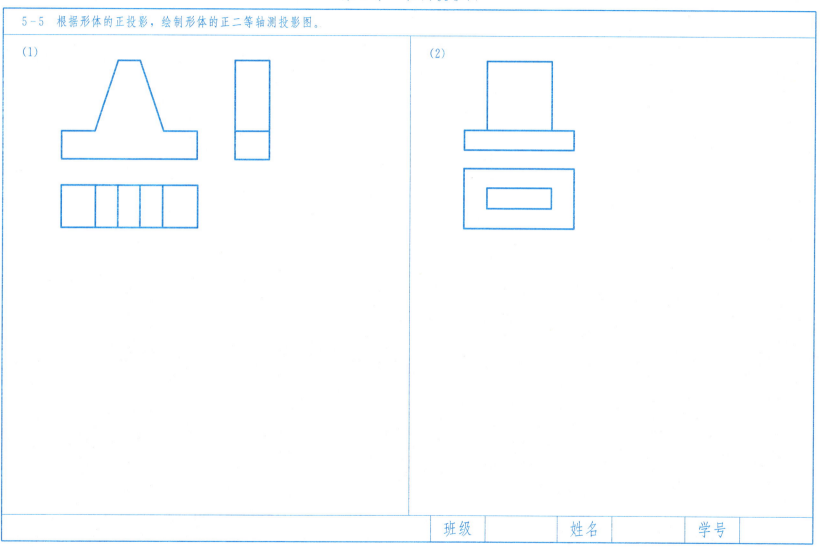

第 5 章 轴测投影图

5-6 根据形体的正投影，作形体的正面斜轴测投影图。

(1)

(2)

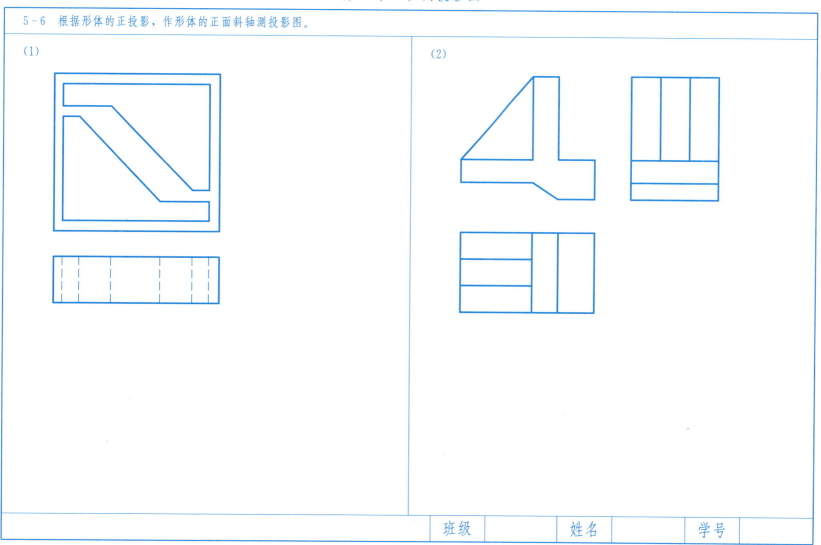

第 5 章 轴测投影图

5-7 根据形体的正投影，作形体的正面斜轴测投影图。

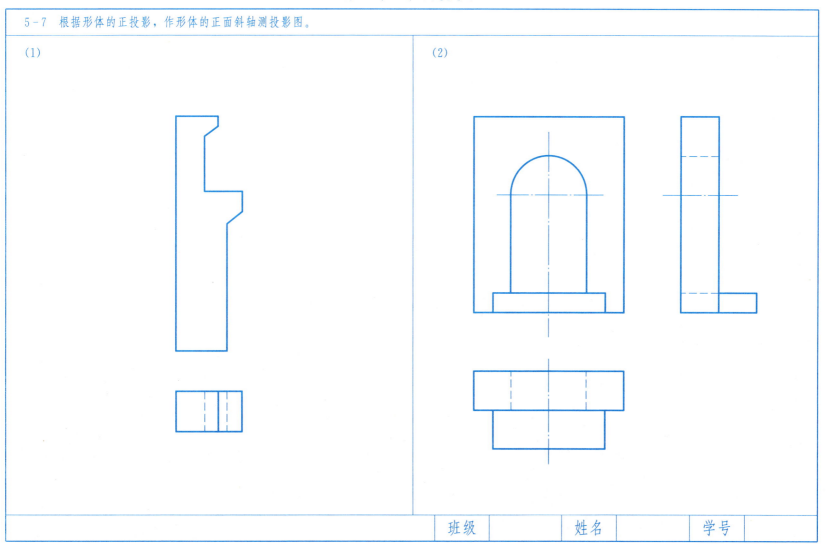

第 5 章 轴测投影图

5-8 根据形体的正投影，作形体的水平斜轴测投影图。

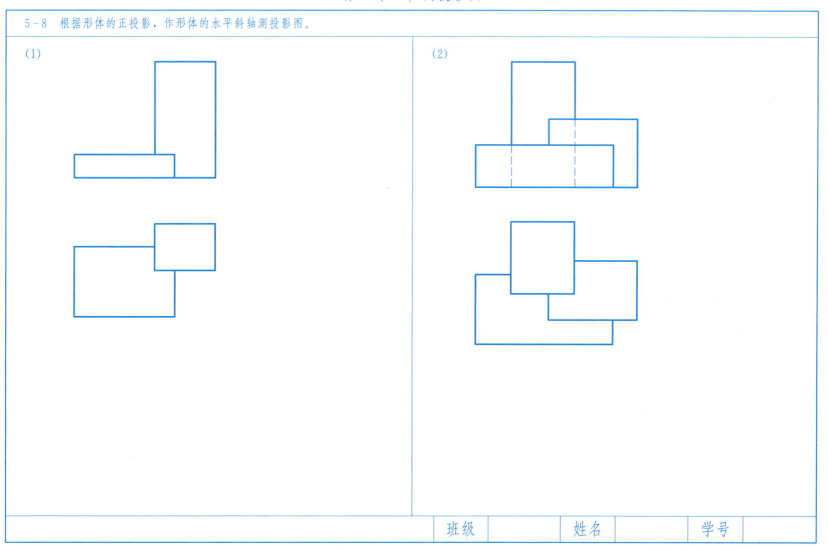

第 5 章 轴测投影图

5-9 根据某小区的水平投影,作小区的水平斜轴测投影图,高度自定。

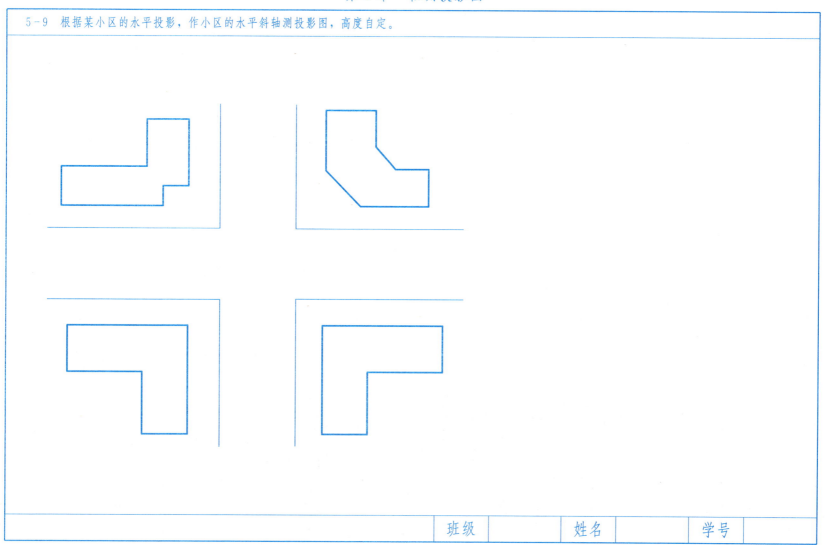

第6章 剖面图和断面图

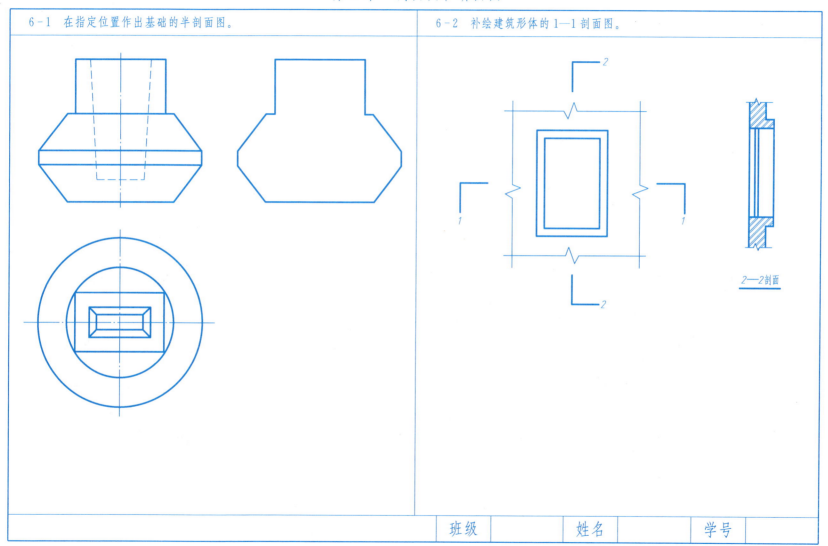

6-1 在指定位置作出基础的半剖面图。

6-2 补绘建筑形体的1—1剖面图。

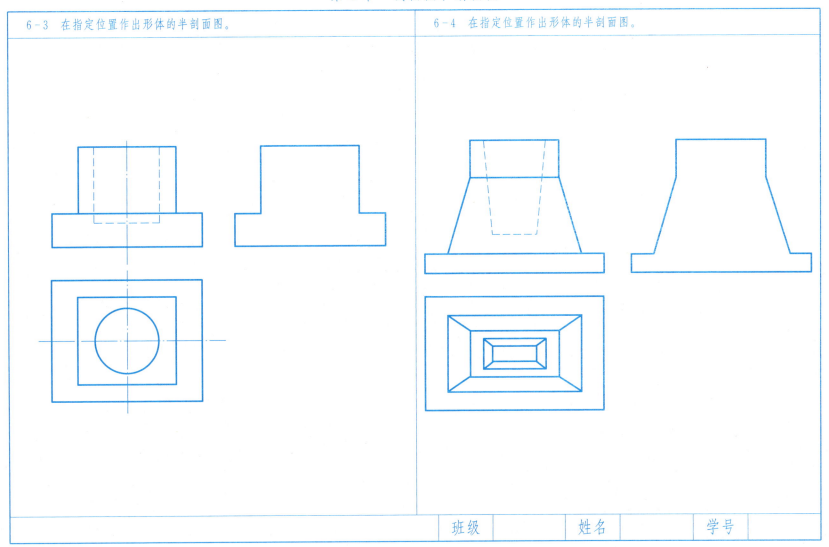

第 6 章　剖面图和断面图

6-5　补绘建筑形体的 1—1 剖面图。

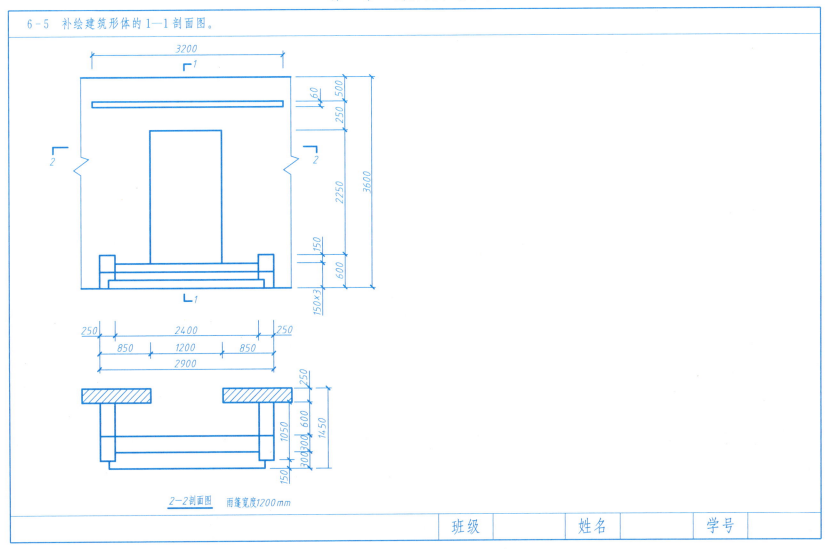

2—2剖面图　雨篷宽度1200mm

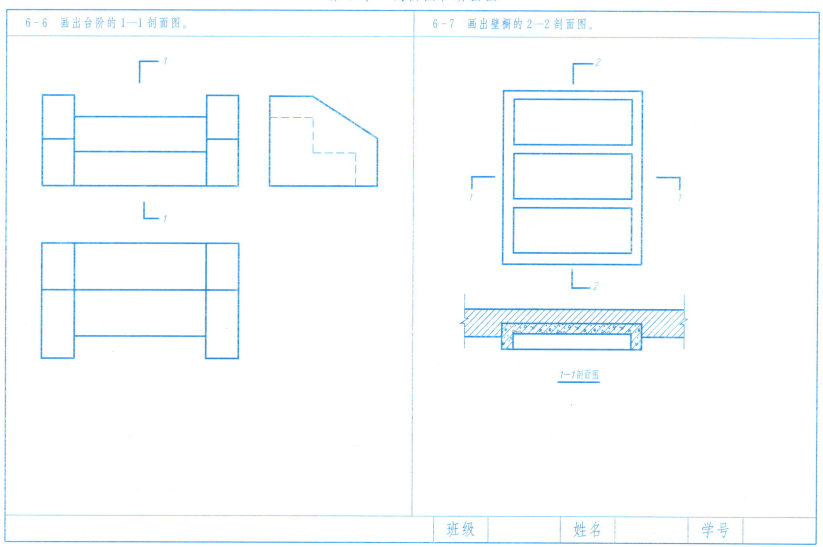

第 6 章 剖面图和断面图

6-8 在指定位置上作出水池的 1—1 剖面图。

6-9 在指定位置上作出形体的 1—1 剖面图。

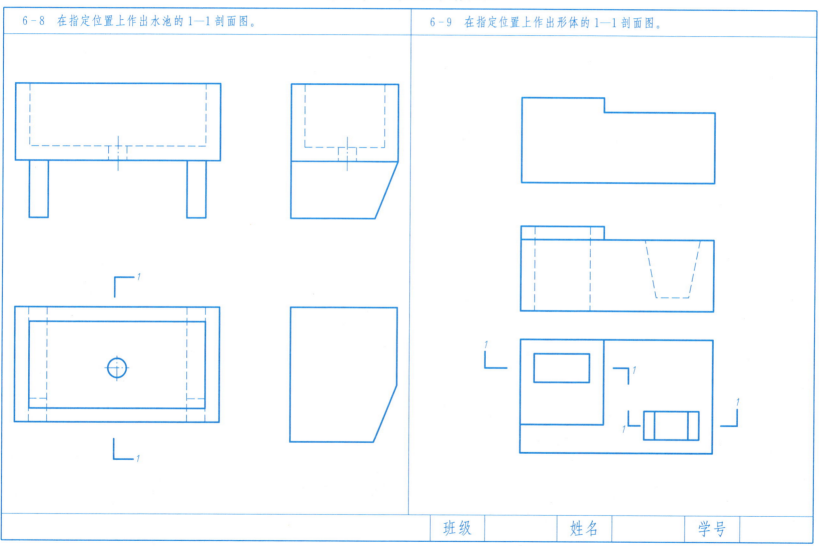

125

第6章 剖面图和断面图

6-10 作出形体的1—1和2—2剖面图。

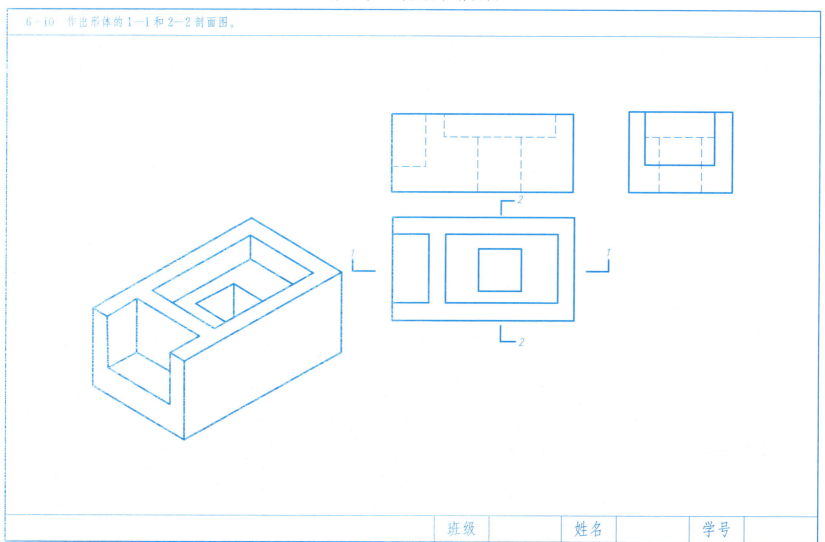

第 6 章 剖面图和断面图

6-11 作出钢筋混凝土柱的 1—1、2—2、3—3、4—4 断面图。

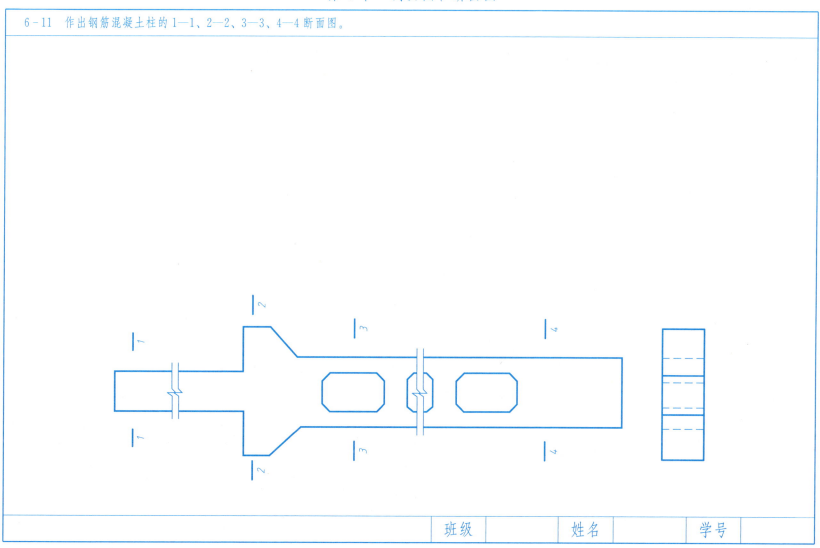

| 班级 | | 姓名 | | 学号 | |

第6章 剖面图和断面图

6-12 作出所给图样的 1—1、2—2、3—3、4—4 断面图。

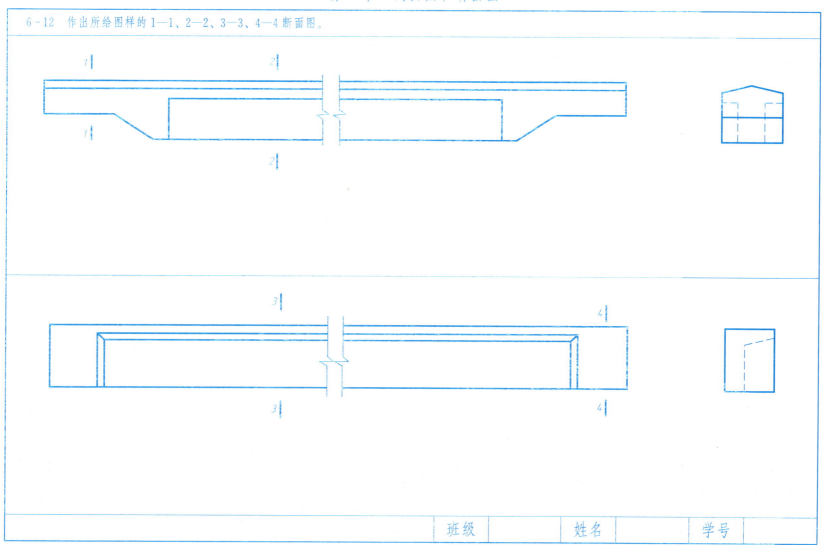

| 班级 | 姓名 | 学号 |

第 6 章 剖面图和断面图

6-13 作出下列图样的 1—1 和 2—2 断面图。

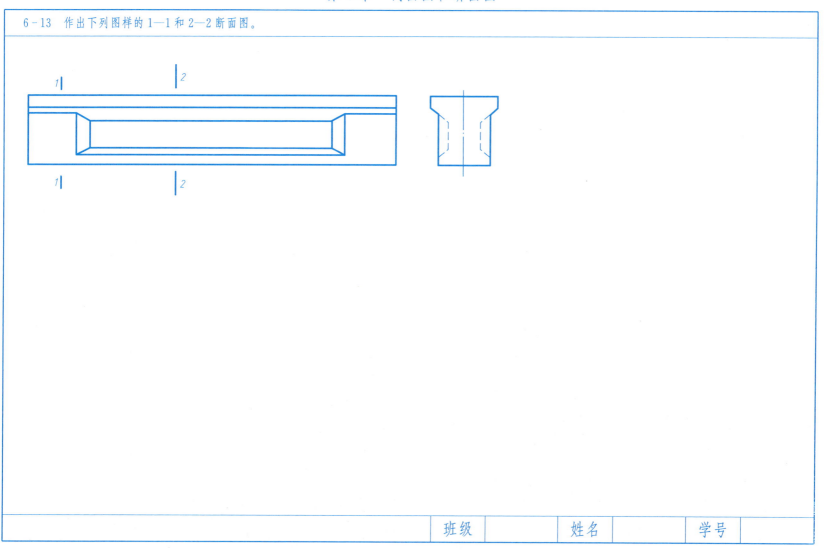

第7章 建筑施工图

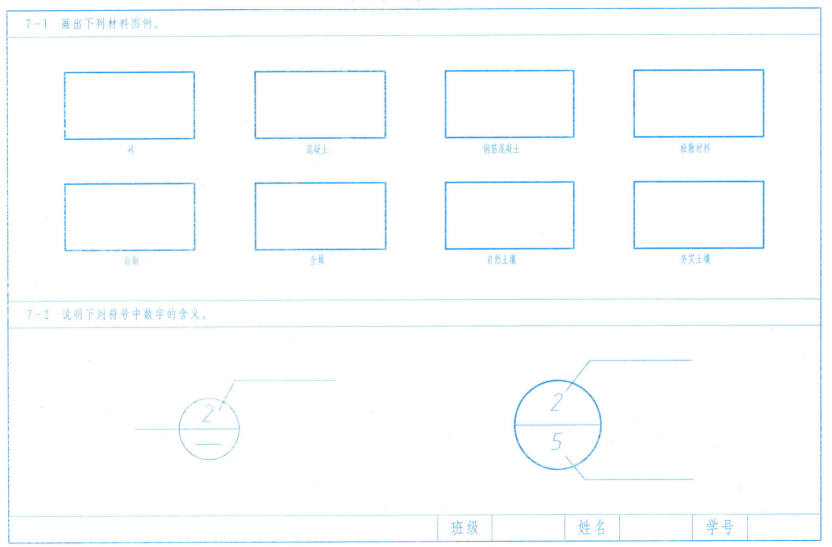

第7章 建筑施工图

7-3 填写下列图例的名称。

7-4 标注下列平面图中定位轴线的编号。

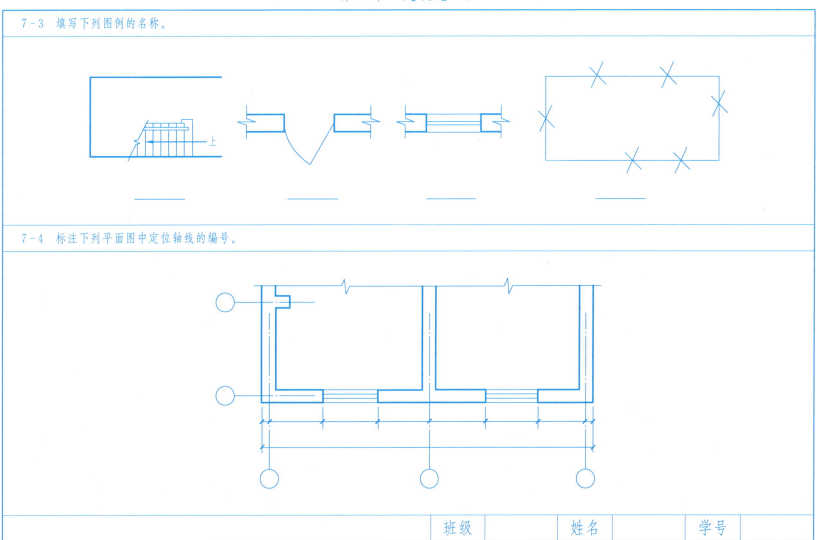

| 班级 | | 姓名 | | 学号 | |

第7章 建筑施工图

7-5 下图为框架结构房屋某单元平面图,客厅地面标高为±0.000,卫生间、厨房、阳台地面分别比零点标高低30mm、20mm、10mm,试完成该图定位轴线编号和标高的书写。

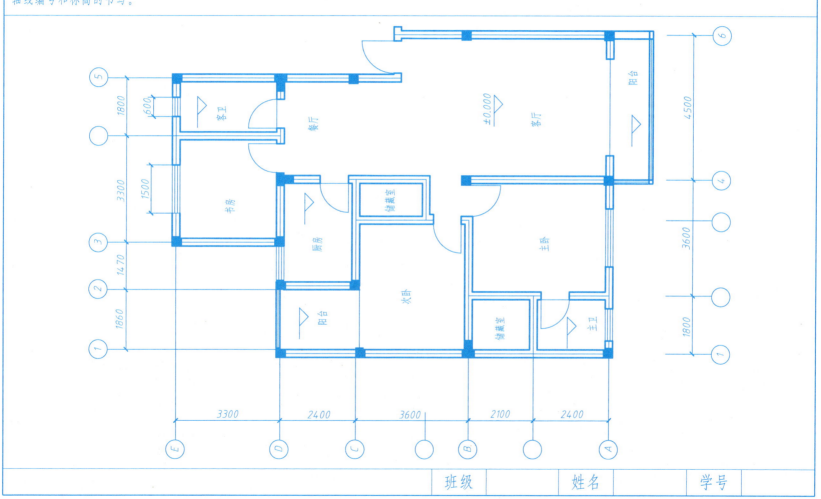

第7章 建筑施工图

7-6 识读楼梯 1—1 剖面图,并填写右表中的标高。

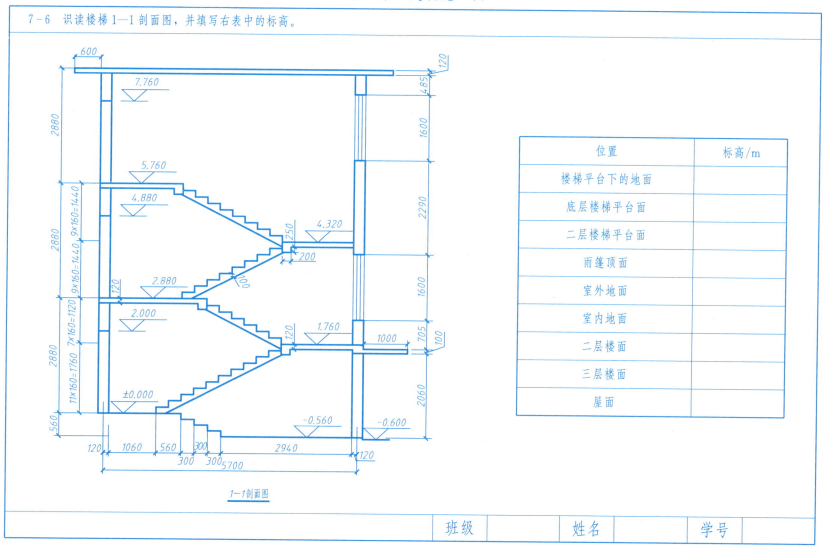

1—1 剖面图

位置	标高/m
楼梯平台下的地面	
底层楼梯平台面	
二层楼梯平台面	
雨篷顶面	
室外地面	
室内地面	
二层楼面	
三层楼面	
屋面	

| 班级 | | 姓名 | | 学号 | |

第7章 建筑施工图

7-7 某值班室平面图和正立面图，墙体厚度均为240mm，楼板厚度为120mm，所有窗台高度均为900mm，所有定位轴线与墙体中线重合。根据门窗表按1：100比例绘制背立面图和1—1剖面图，并标注完整尺寸，填写正立面图中的标高。

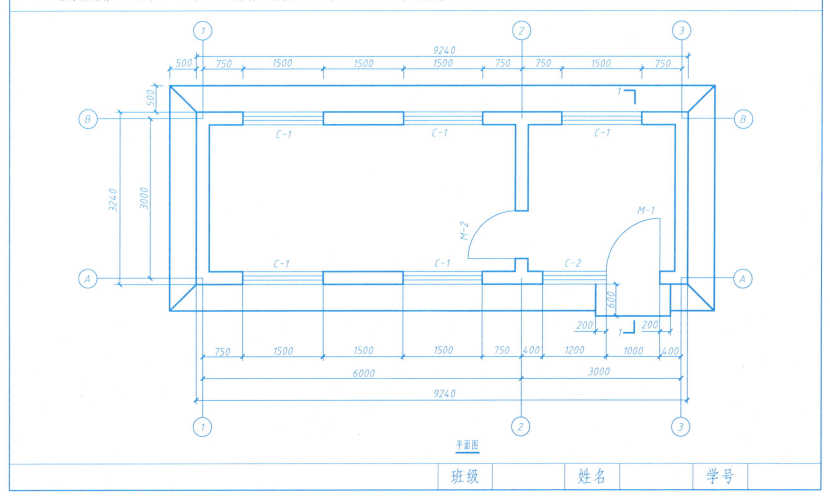

平面图

第 7 章 建筑施工图

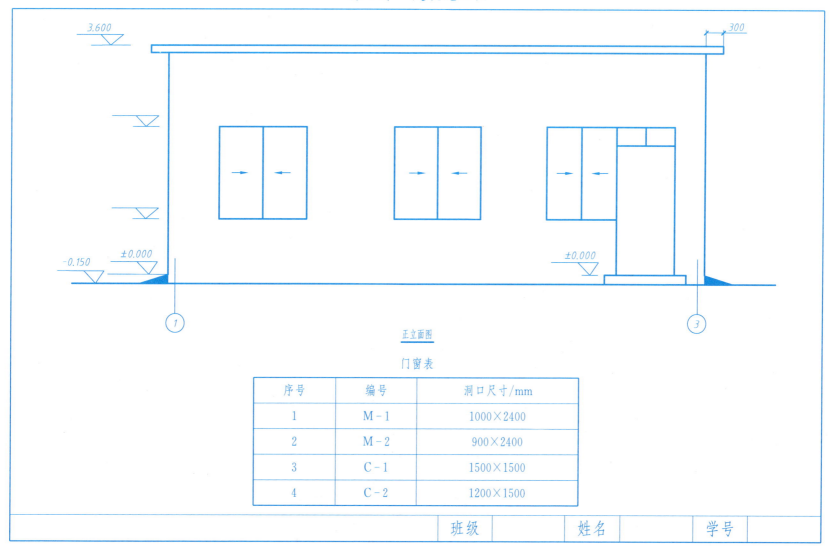

正立面图

门窗表

序号	编号	洞口尺寸/mm
1	M-1	1000×2400
2	M-2	900×2400
3	C-1	1500×1500
4	C-2	1200×1500

班级		姓名		学号	

第 7 章 建筑施工图

7-8 用 A3 图纸按 1:50 的比例抄绘下列楼梯平面图。

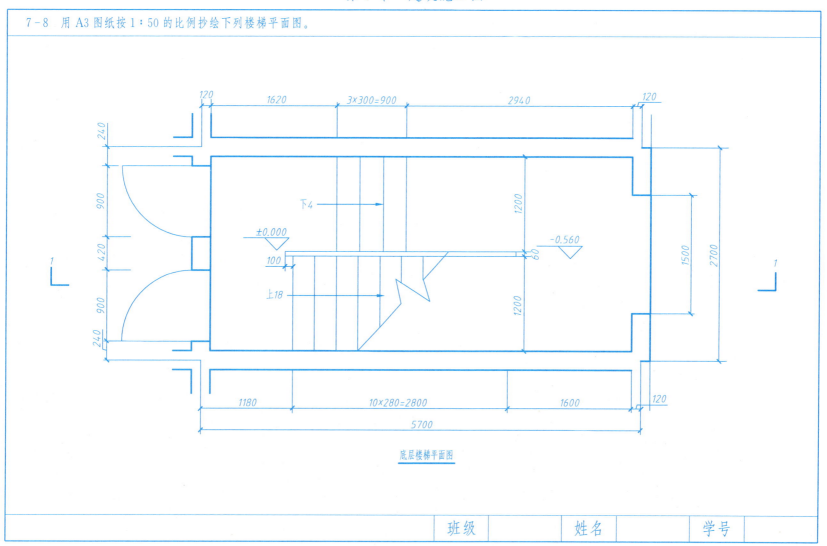

底层楼梯平面图

第7章 建筑施工图

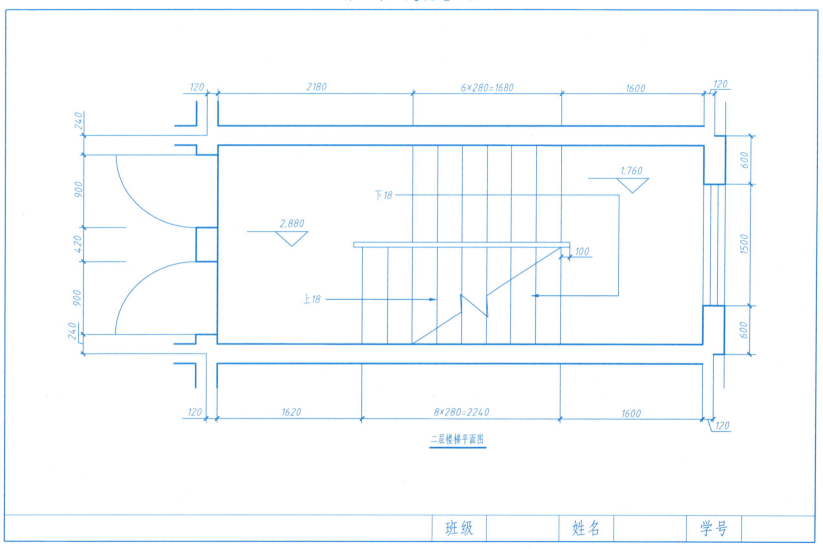

二层楼梯平面图

| 班级 | | 姓名 | | 学号 | |

第7章 建筑施工图

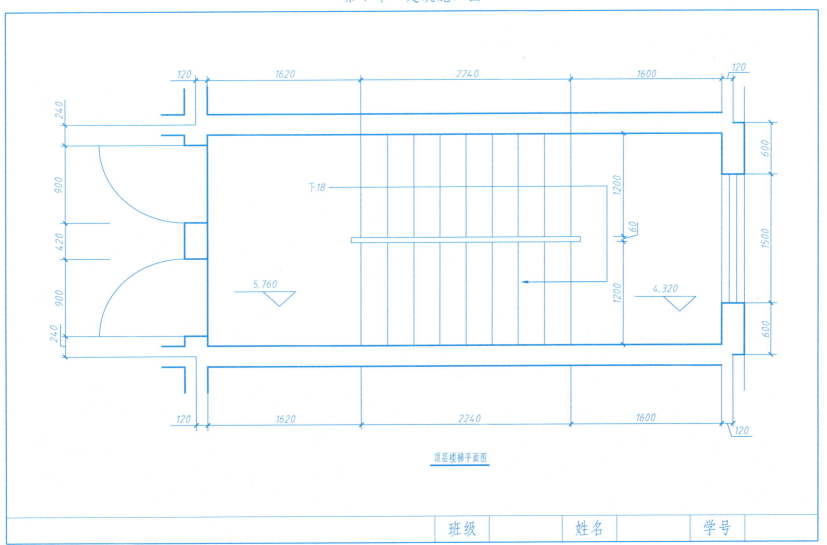

顶层楼梯平面图

第7章 建筑施工图

7-9 用 A3 图纸按 1:100 的比例抄绘下列房屋标准层平面图,并标注完整尺寸。

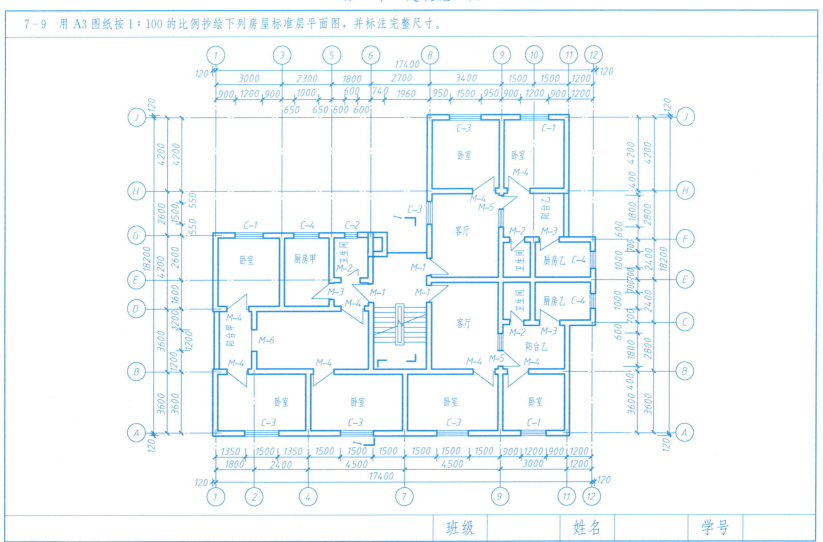

第 8 章 结构施工图

8-1 写出下列构件的代号。

　　　　　　　　屋面板　　　　　　构造柱　　　　　　空心板　　　　　　圈梁
　　　　　　　　过梁　　　　　　　阳台　　　　　　　基础　　　　　　　楼梯板

8-2 说明下列图例的含义。

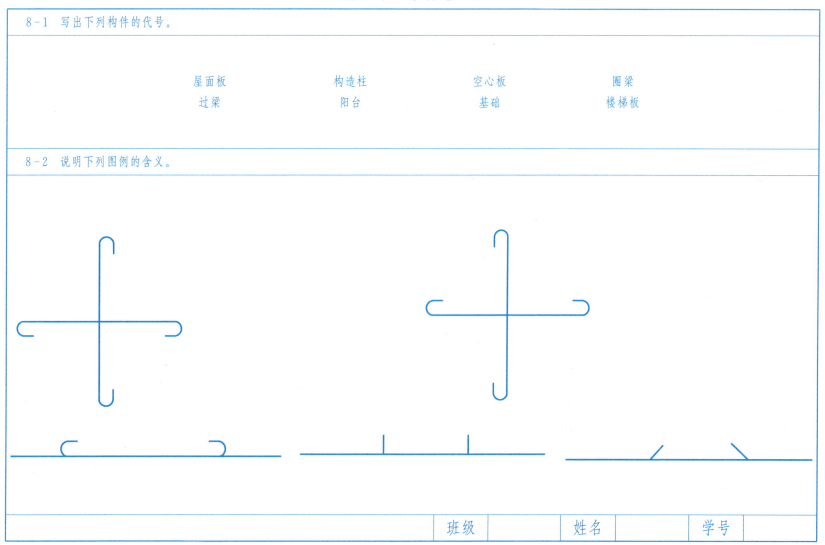

| 班级 | | 姓名 | | 学号 | |

第8章 结构施工图

8-3 识读下列基础平面布置图和基础详图,完成图后的填空题。

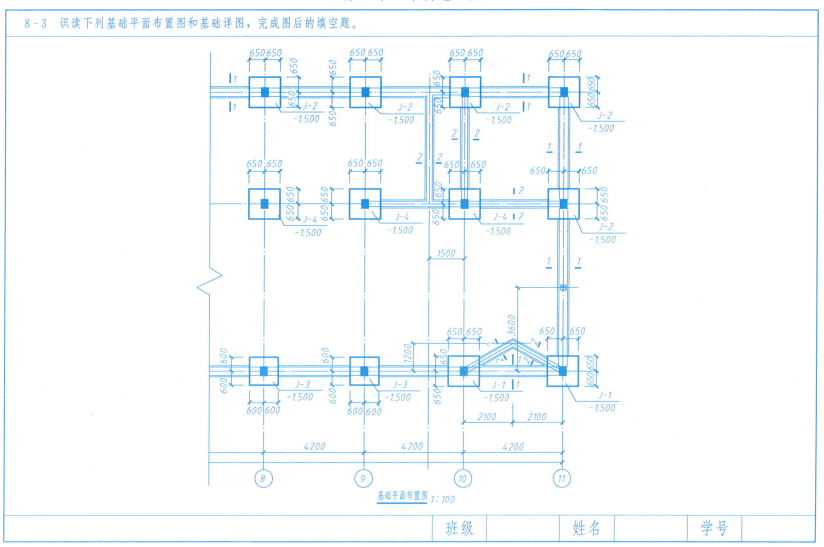

基础平面布置图 1:100

第8章 结构施工图

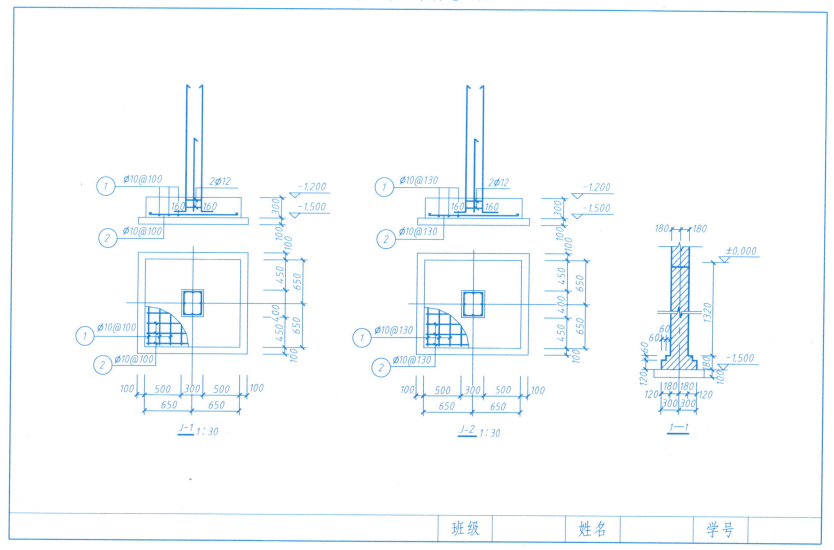

第8章 结构施工图

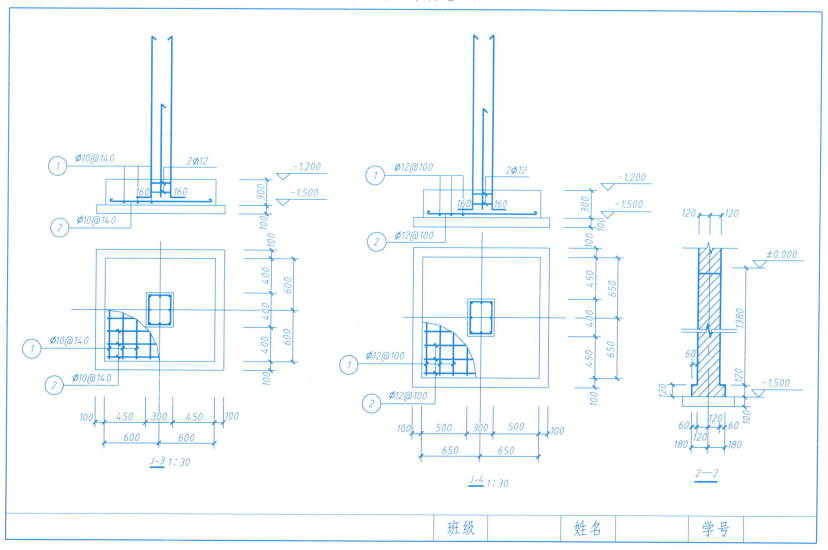

第 8 章　结构施工图

(1) 从基础平面布置图可知,该基础类型为_____。

(2) 从基础断面图 1—1 可知,该基础墙厚度为_____;从基础断面图 2—2 可知,该基础墙厚度为_____。

(3) 从基础 J-1 详图可知,J-1 基础底面垫层尺寸为长×宽=_____,垫层厚度为_____;J-1 基础尺寸为长×宽=_____,厚度为_____,基础底面配置的双向钢筋为_____。

(4) 从基础 J-2 详图可知,J-2 基础底面垫层尺寸为长×宽=_____,垫层厚度为_____;J-2 基础尺寸为长×宽=_____,厚度为_____,基础底面配置的双向钢筋为_____。

(5) 从基础 J-3 详图可知,J-3 基础底面垫层尺寸为长×宽=_____,垫层厚度为_____;J-3 基础尺寸为长×宽=_____,厚度为_____,基础底面配置的双向钢筋为_____。

(6) 从基础 J-4 详图可知,J-4 基础底面垫层尺寸为长×宽=_____,垫层厚度为_____;J-4 基础尺寸为长×宽=_____,厚度为_____,基础底面配置的双向钢筋为_____。

班级		姓名		学号	

第8章 结构施工图

8-4 某房屋二层结构平面布置图如图所示。统计预制板的类型和数量，用 1∶10 的比例画出 L1(1)、L2(1)、L2(2)梁的断面图。

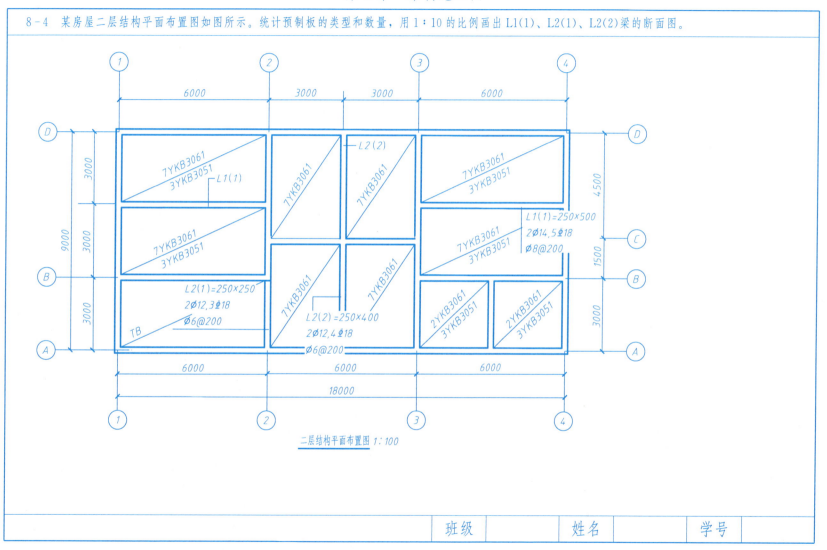

二层结构平面布置图 1∶100

| 班级 | 姓名 | 学号 |

第 8 章 结构施工图

8-5 图示为某框架结构房屋三层梁平面整体配筋图的局部，试画出 KL2 梁的 1—1、2—2、3—3、4—4、5—5 断面图。

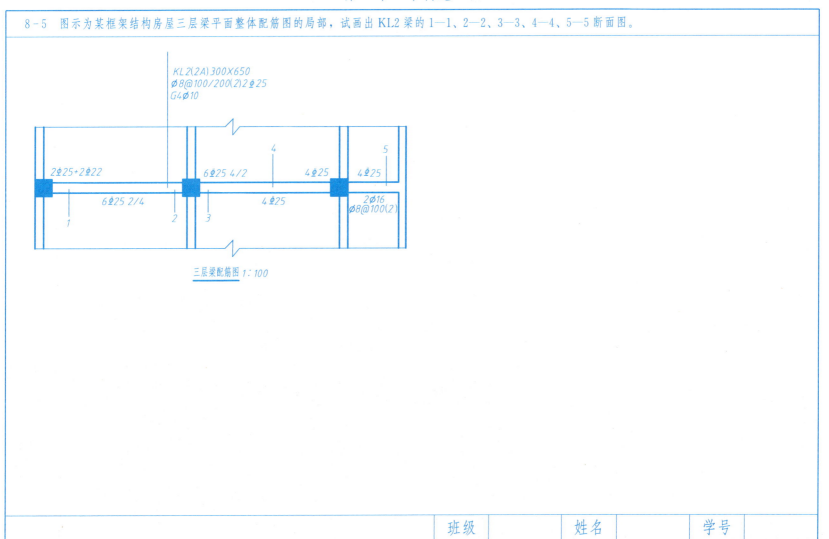

三层梁配筋图 1:100

第8章 结构施工图

8-6 下图为某框架结构房屋楼层梁配筋图,根据所给文字描述对框架梁1和框架梁2进行标注(在粗实线上进行标注)。

框架梁1:10跨,截面宽度为200mm,截面高度为400mm,顶部配2根直径为16mm的三级通长钢筋,在各中间支座处增设1根直径为16mm的三级钢筋,底部配2根直径为20mm的三级钢筋,箍筋为直径6mm、间距150mm的二肢箍(一级钢筋),加密区箍筋间距为100mm。

框架梁2:10跨,截面宽度为250mm,截面高度为400mm,顶部配2根直径为16mm的三级通长钢筋,在各中间支座处隔跨增设1根直径为16mm的三级钢筋,底部配3mm根直径为16mm的三级钢筋,箍筋为直径6mm、间距150mm的二肢箍(一级钢筋),加密区箍筋间距为100mm。

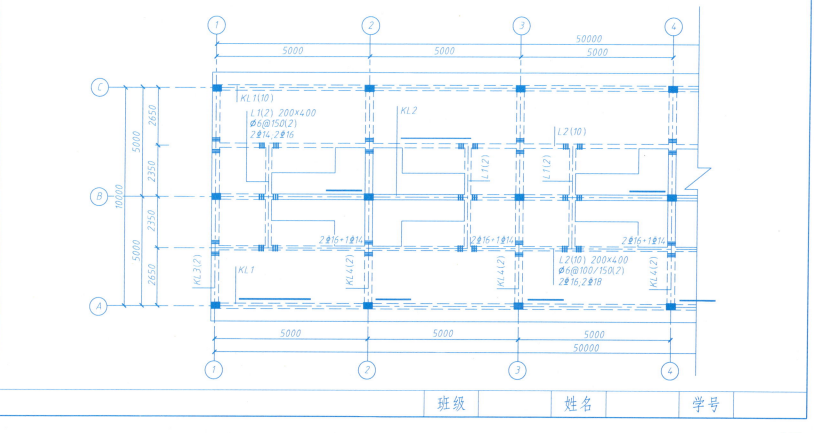

第8章 结构施工图

8-7 下图为某房屋楼层现浇板配筋图,根据所给文字描述对板1进行标注(在粗实线上进行标注)。

板1厚度为100mm,为双向板。沿纵向板面配直径8mm、间距100mm的一级钢筋,在挑板边缘加设两根直径8mm、间距50mm的一级钢筋作加强筋;板底配直径8mm、间距150mm的一级钢筋。沿横向板面配直径8mm、间距150mm的一级钢筋;板底直径8mm、间距180mm的一级钢筋。

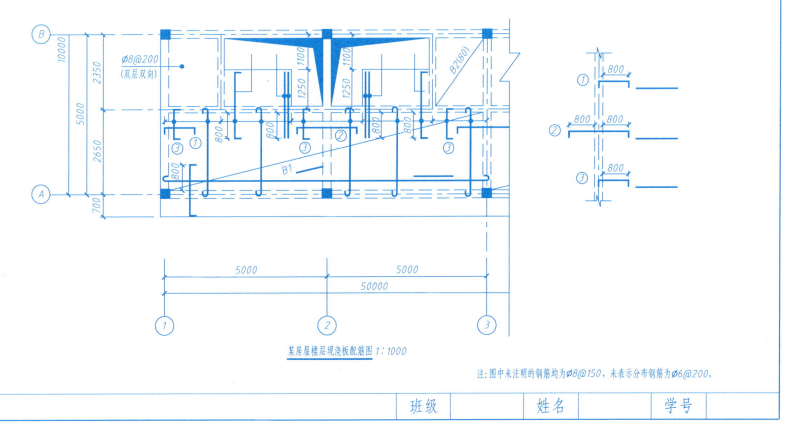

某房屋楼层现浇板配筋图 1:1000

注:图中未注明的钢筋均为Ø8@150,未表示分布钢筋为Ø6@200。

| 班级 | | 姓名 | | 学号 | |

参 考 文 献

白丽红，闫小春，2019. 建筑制图习题集［M］. 3 版. 北京：北京大学出版社.
莫章金，毛家华，2018. 建筑工程制图与识图习题集：简明版［M］. 4 版. 北京：高等教育出版社.
苏小梅，2020. 建筑制图与识图（含习题集）［M］. 北京：北京理工大学出版社.
魏艳萍，2014. 建筑识图与构造习题集［M］. 2 版. 北京：中国电力出版社.